新时代生态文明建设理论与实践

主　编：刘益贵

主　审：吕文明　黄凤莲

副主编：唐海珍　曹　珍　李国强

编　委：刘佳娉　张　莎　魏　巍　蒋永其

彭丽娟　黄亮斌　王　润

CNS | 湖南科学技术出版社

·长沙·

图书在版编目(CIP)数据

新时代生态文明建设理论与实践/刘益贵主编．—长沙：湖南科学技术出版社，2021.7（2023.8 重印）

ISBN 978-7-5710-0981-6

Ⅰ．①新… Ⅱ．①刘… Ⅲ．①生态环境建设-研究-中国 Ⅳ．①X321.2

中国版本图书馆 CIP 数据核字(2021)第 101465 号

新时代生态文明建设理论与实践

XIN SHI DAI SHENG TAI WEN MING JIAN SHE LI LUN YU SHI JIAN

主　　编：刘益贵

出 版 人：潘晓山

责任编辑：杨　林

出版发行：湖南科学技术出版社

社　　址：湖南省长沙市开福区芙蓉中路一段 416 号
　　　　　泊富国际金融中心 40 楼

网　　址：http://www.hnstp.com

湖南科学技术出版社天猫旗舰店网址：
　　　　　http://hnkjcbs.tmall.com

印　　刷：长沙市精宏印务有限公司
　　　　　（印装质量问题请直接与本厂联系）

厂　　址：湖南省长沙市开福区沙坪街道中青路 1318 号佳海工业园 A2A3 栋 102 号

邮　　编：410007

版　　次：2021 年 7 月第 1 版

印　　次：2023 年 8 月第 3 次印刷

开　　本：787mm×1092mm　1/16

印　　张：13

字　　数：229 千字

书　　号：ISBN 978-7-5710-0981-6

定　　价：45.00 元

目　录

第一章　生态问题源流远

——生态环境如何影响人类发展

第二章　绿水青山天人和

——建设什么样的生态文明

第三章　群策群治五洲安

——怎么样建设生态文明

第四章 严密法治生态稳

——靠什么保障生态文明建设

第五章 铁军卫士护绿忙

——靠谁来护卫生态文明建设

第一章

生态问题源流远

——生态环境如何影响人类发展

第一节 生态环境与人类发展

一、自然生态的进化与人类文明的起源

（一）自然生态的进化

1. 沧海桑田：地球生命起源和演化

宇宙的年龄到现在已经138亿年，在这138亿年宇宙长河中，太阳系存在46亿年。地球在太阳系中是独一无二的非凡星球，它提供了生命所需的一切，养育着数以万计的动植物，也为人类的生存、生活和文化发展提供了最基本的保障。如果从最简单的生命开始算起，生命大约是在38亿年前开始出现在地球上。古代对生命起源有各种臆说，如特创论、无生源说、有生源说、宇宙生命论等。近代科学研究说明生物只能通过物质运动变化，由简单到复杂，逐步发展形成。生命起源经历的过程方面学说有很多，一般认为生命的产生过程分为三个阶段：（1）从简单的无机化合物形成原始的有机物质——碳氢化合物及其最简单的衍生物；（2）由此再逐渐发展为复杂的有机化合物——糖、核苷酸、氨基酸和它们的聚合物多

糖、核酸和蛋白质，以及其他有机物质；（3）随着自然条件的演变，这些物质进行复杂的相互作用，最后产生出具有新陈代谢特征，能生长、繁殖、遗传、变异的原始的有生命物质。经过38亿年的漫长历史，生命从简单→复杂、水生→陆生、低级→高级，进化到人类社会。纵观地球生命的历史是一部不断进化的历史，是一部生命与环境实现着平衡和良性循环的历史，这是生命之所以生生不息，不断繁衍发展的基本条件。在生命发展史上，有几个非常重要的时间坐标：5.35亿年前寒武纪，生命大爆发；5亿年前奥陶纪，植物开始进化；2.25亿年前，恐龙和哺乳动物开始起源；400万～500万年之前，开始出现直立行走的人；15万年之前，身体结构和现代人一样的现代人类的祖先诞生了。

2. 沧海拾珠：生态相关的内涵

（1）生态的内涵

在生机盎然的大自然中，繁衍着无数的生物。既有高达几十米的参天大树，又有依附在地面的地衣、苔藓；既有飞翔在云端的猎鹰，又有生活在地下的鼠类；尤其是浩瀚的大海，各种生物更是千姿百态。大自然中这些植物、动物和微生物的分布，表面上看起来似乎杂乱无章，但实际上却是井然有序，它们都遵循着一定的生态规律，在适合于自己的特定环境中生存演化。

生物与环境因素的相互关系就是生态。“生态”一词来源于古希腊语，但在19世纪以前，没有独立的“生态”一词与“生态学”学科。直到德国生物学家海克尔于1866年提出“生态”这个词，他认为动物对于无机环境和有机环境所具有的关系就叫作生态。1895年植物生态学创始人瓦尔明又将植物纳入生态关系中，奠定了植物生态学的基础。随着对生物与环境相互关系的深入研究，生态学也发展到系统生态学，并扩展到对人类和环境的相互作用关系进行研究，产生了人类生态学。德国学者赫克尔又指出：生态学可以理解为关于生物有机体与周围外部世界关系的一般学科，而外部世界是广义的生存条件。

由此可见，其“生态”的内涵实际上是生物有机体与周围外部世界的关系，它是指生物在一定的自然环境下的生存和发展状态，以及生物之间和生物与环境之间息息相关的关系。因此“生态”的内涵实际包括两部分，一部分是生物有机体与其他生物之间的关系，而另一部分是生物有机体与非生物环境之间的关系。

（2）**生态环境的内涵**

生态环境，即“由生态关系组成的环境”的简称，是指与人类密切相关的，影响人类生存与发展的水资源、土地资源、生物资源以及气候资源的数量与质量的总称，是关系到社会和经济持续发展的复合生态系统。

在我国，生态环境最早组合成为一个独立的词语需要追溯到1982年的第五届全国人民代表大会第五次会议。会议在讨论中华人民共和国第四部宪法（草案）和当年的政府工作报告（讨论稿）时均使用了当时比较流行的“保护生态平衡”的提法。时任全国人大常委会委员、中国科学院地理研究所所长的黄秉维院士在讨论过程中指出平衡是动态的，自然界总是不断打破旧的平衡，建立新的平衡，所以用“保护生态平衡”不妥，应以“保护生态环境”替代。会议接受了这一建议，最后形成了1982年宪法的第二十六条：国家保护和改善生活环境和生态环境，防治污染和其他公害。同时，1982年政府工作报告也采用了相似的表述。

生态环境与自然环境在含义上十分相近，有时人们会将其混用，但严格说来，生态环境并不等同于自然环境。自然环境的外延比较广，各种天然因素的总体都可以说是自然环境，但只有具有一定生态关系构成的系统整体才能称之为生态环境。仅有非生物因素组成的整体，虽然可以称为自然环境，但并不能叫作生态环境。生态环境是较符合人类理念的环境，是适宜人类生存和发展的物质条件的综合体。

（3）**生态系统**

生态系统是生态学的一个概念。生态学是一门研究生物和其生活环境的相互关系的科学，是生物学的主要分支。

一个物种在一定空间范围内的所有个体的总和在生态学里称为种群（population），所有不同种的生物的总和为群落（community），生物群落连同其所在的物理环境共同构成生态系统（ecosystem）。生态系统就是生命系统和环境系统在特定空间的组合，其特征是系统内部以及系统与系统外部之间存在着能量的流动和由此推动的物质的循环。例如，森林、草原、河流、湖泊、山脉或其一部分都是生态系统；农田、水库、城市则是人工生态系统。生态系统具有等级结构，即较小的生态系统组成较大的生态系统，简单的生态系统组成复杂的生态系统，最大的生态系统是生物圈。

维护生命共同体

（二）人类文明及其起源

由于人们对“文明时代”一词的内涵理解不同，在对人类进入文明时代的开端和标志的认识上便有所分歧。有人认为人类文明与人类社会是相伴而生的，当人类不再与野兽同游、与猿猴为伍时便展示了人类文明。恩格斯在《家庭、私有制和国家的起源》中说：“文明时代是学会对天然产物进一步加工的时期，是真正的工业和艺术产生的时期”，有人据此认为青铜的出现就标志着文明时代的到来。美国民族学家摩尔根在其《古代社会》一书中主张：文明时代“始于注音字母的发明和文字的使用”。恩格斯也指出处于野蛮时代的人类“由于文字的发明及其应用于文献记录而过渡到文明时代”。还有人认为，人类文明的开端就是剥削的开始，因而国家的形成或奴隶社会的开始才是进入文明时代的契机。

一般认为，金属工具的出现、文字的发明和国家的形成是人类跨入文明社会的三大标志。以此计算，现代人类社会的文明史为5000～7000年，其中工业文明仅有400多年。

二、生态环境与人类社会发展的关系

（一）人类社会发展对生态环境的影响

“生态”的内涵是生物有机体与周围外部世界的关系，人类也是生物有机体的一部分，因此“生态”的主体从逻辑上讲是应当包括人类的，但直到进入20世纪20年代，“生态”的主体才逐渐扩展到人类。并且，为了区别传统的以动植物为主体的生态学，提出了“人类生态学”的概念，认为主体为人类的“生态”应当是人与周围外部世界的关系，研究人的衣食住行等活动与环境的相互关系。人类社会的发展离不开周围的环境，我们每天的生活都离不开自然环境，是它为我们提供了大量的所需的原料和能量。地球上的任何一种能源都来自大自然，没有大自然我们就无法生存。

人类有着改造自然和利用自然的卓越能力，能够为自己的生存与发展创造更加有利的环境。然而，人类在改造自然和利用自然的过程中，如果失去节制，或者只求得局部的发展，就会造成自然环境的整体破坏，受到自然界的无情报复，最终使人类失去必要的生存环境。有史为鉴——古巴比伦，曾经沃野千里，树木葱郁。然而，由于忽视了对生态环境的保护，漫漫黄沙使得具有璀璨文明的巴比伦王国从地球上销声匿迹。曾孕育了灿烂的华夏文明、象征富庶繁荣的黄河，由于自古对生态环境的破坏，它已是世界上泥沙含量最多的河流，年平均泥沙含量高达16亿吨。近代随着生产力的迅速提高和经济规模的不断扩大，人类创造出前所未有的物质财富。但是，人类在创造了辉煌的人类文明时，却也表现出对自然环境惊人的破坏力。恩格斯在《自然辩证法》（1925年出版）一书中指出：“我们不要过分陶醉于我们对自然界的胜利。对于每一次这样的胜利，自然界都报复了我们。每一次胜利，在第一步都确实取得了我们预期的结果，但是在第二步和第三步却有了完全不同的出乎预料的影响，常常把第一个结果又取消了。我们必须时时记住，我们统治自然界，决不像征服者统治异民族一样，决不像站在自然界之外的人一样——相反地，我们连同我们的肉、血和头脑都是属于自然界，存在于自然界的。”

人类每一次的无序发展都会受到大自然的惩罚，近几年来，越来越多的自然灾害降临到人类的身边。世界范围内的地震、海啸、洪水、干旱、台风、雪灾等自然灾害频繁发生，极端天气高温、极寒等异常气候时有发生，这些异常的自然现象已经给人类敲响了警钟。2021 年 8 月，海底遭遇 7. 3 级地震，造成至少 2248 人死亡，329 人失踪，约 80 万人受到影响，13. 8 万所房屋受损或毁坏。2021 年 6 月—7 月，美国、加拿大遭受历史性高温干旱，加拿大不列颠哥伦比亚省利顿市的气温达到 47. 5 摄氏度，这是有记录以来的历史最高温度。7 月，德国连降暴雨引发洪灾，暴雨还引发了山体滑坡和泥石流等自然灾害。12 月，美国六个州遭遇至少 32 场龙卷风袭击，受灾人口超过 5500 万人。在这些灾难面前，人类终于意识到自己的渺小，大自然会对人类无序的活动产生反作用，在人类社会不断发展的过程中，自然界一直以人类已经认知和现在还无法认知的各种方式处处对人们做着相应的报复活动。这种报复伴随各种自然现象出现，自然灾害算是人们已经知道的一种，人们已经认识到自然对人类的惩罚将是非常严厉的。

于是，人类不得不回过头来审视自己曾经走过的发展道路，希望可以摒弃以牺牲生态环境为代价的发展路径，进而试图寻找到一条既能保障经济增长和社会发展，又能维护生态良性循环的全新的发展道路。

2021 年度国际十大自然灾害事件

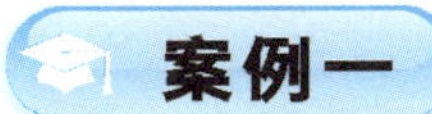

案例一

日本福岛难消“核阴影”

连日来，日本各地举办悼念活动，纪念日本“3·11”大地震。2011年3月11日，大地震及其引发的海啸重创日本东北部地区，造成15895人遇难、2539人失踪。虽然在日本灾区民众的不懈努力下，宫城县、岩手县和福岛县等三个受灾县的灾后重建取得了一些进展，但未来仍有很长的路要走，福岛核事故的阴影依然挥之不去。

据日本复兴厅统计，2011年“3·11”大地震后一度有约47万人过着避难生活，直到现在依然有73349人无法返回故乡。值得一提的是，还有一些人不得不生活在狭窄的临时住宅中。尽管希望早日住进宽敞舒适的永久住宅，但由于各种原因，时隔多年他们仍然过着从一个临时住宅搬到另一个临时住宅的避

日本福岛核电站泄漏后发生爆炸

难生活。

“到我这个年龄，要搬家的话，负担很重。”来自岩手县陆前高田市、已经82岁高龄的松野昭子，大地震后一直单独生活在一所建在高中操场上的临时住宅。随着居住的人口减少，当地政府时常要关闭、合并一些临时住宅区。而松野昭子生活了7年的临时住宅也在即将关闭的行列，3月底之前她必须搬到两公里之外的另一个临时住宅区。

地震后，日本政府曾投入巨额资金用于重建遭海啸毁坏的街区，但不少街区有可能因人口回归数量过低而成为“空城”。据日本《读卖新闻》报道，与地震前相比，岩手、宫城、福岛三县35个沿海市町村人口减少了17万以上。另据共同社的统计，岩手、宫城、福岛三县沿海重建区内的私有地中，至少有116公顷土地用途未定。

多年过去了，福岛依然笼罩在核事故的阴影中。“福岛核事故带来的多重灾害不是过去时，而是现在进行时。”福岛县知事内堀雅雄不久前在东京表示。虽然福岛县很多地区逐渐解除了禁入令，灾区面积在全县土地占比从当初的12%减少到目前的约3%，但居民返乡比例依然很低。特别是一些解除禁入令不久的地区，返乡居民比例只有百分之几。很多人早已在异乡开始新生活，难以重返故乡。不少有孩子的家庭更是不愿意回福岛。《读卖新闻》称，今年春天福岛县有9个市町村的中小学将开始重新上课，然而去这些学校上学的孩子还不及地震发生前的一成。

2011年3月11日下午，日本东北和关东地区发生国内观测史上最大的里氏8.8级地震。地震引发的海啸波及从北海道到冲绳的大范围地区，导致福岛第一核电站1至4号机组发生严重核泄漏事故，其中1至3号机组堆芯熔毁，造成了人类历史上最严重的核泄漏事故之一。多年过去了，核电站反应堆报废工作依然困难重重，预计要到2041年至2051年才有可能完成……鉴于灾后重建、核事故后续处置等极为复杂，上述工作能否如期实现还是未知数。

因地震海啸造成的日本福岛核电站核泄漏事故危害，不仅影响了本国的环境和人体健康，而且通过入境观光旅游以及海洋水体流动作用已经波及整个世界和太平洋。在爆炸后，辐射性物质进入风中，通过风传播到中国，俄罗斯等一些地区。专家呼吁，虽然核电事故发生在一个国家，但受影响的绝不仅仅是一个国家，发生事故的国家需要向国际社会及时公开信息。

参考资料：

[1] 刘军国. 日本福岛难消“核阴影”[N]. 人民日报，2018-03-23（21）.

[2] 天悦名坊素生活. 日本恐将100万吨核污水排入大海……你还敢吃海洋的鱼吗?[EB/OL].（2017-12-29） [2020-12-20]. https：//www. sohu. com/a/213608367 _ 689357? _ trans _ =000019 _ wzwza.

值得庆幸的是人类已经开始意识到环境问题的严重性，并开始采取措施进行治理。1972年6月5日在瑞典斯德哥尔摩召开了联合国人类环境会议，会议通过了《人类环境宣言》，提出“只有一个地球”的口号。从那以后，正确认识人类在自然生态环境中所处的地位，便列入了联合国和各国政府的重要议事日程，治理和保护生态环境开始取得了积极成果。可见，正确处理好人类与生态环境的相互关系，是全人类面临的十分重要的课题。

举世瞩目的联合国环境与发展大会亦于1992年6月在巴西里约热内卢举行。参加此次会议的有世界上178个国家、17个联合国机构、33个政府组织的代表以及103位国家元首和首脑。大会通过了《里约环境与发展宣言》和《二十一世纪行动议程》两个纲领性文件以及《关于森林问题的政策声明》；150多个国家签署了《气候变化框架公约》和《保护生物多样性公约》。这是联合国成立以来，也可以说是人类有史以来，规模最大、级别最高、人数最多、影响最为深远的一次国际会议，是人类环境与发展史上的里程碑。

我们要学会正确处理人类社会发展与自然界的关系，要在正确认识社会发展与自然界关系的基础上，尊重自然，顺应自然，保护自然。改变依靠破坏自然的方式和渠道来发展人类社会，时刻保持对自然界的敬畏和尊重的态度，要知道人类是自然界的产物，也是自然界里很小的组成部分，人类只不过是宇宙中的一粒粒灰尘。人类可以改变自然，但自然更可以改变人类的命运和前景，人定胜天的思想在自然规律面前并非一定科学。人类一定要把自己的思想行动置于科学自然的指导之下，让自己的行为符合自然规律，尽量减少对自然界的破坏程度，在发展自身的过程中，应当想尽一切办法，做到人与自然的和谐相处，对于破坏自然界的活动，要提升到全人类社会的政策和法律层面上来加以限制。

人类应当对自然界的破坏做出相应的补偿，既然人类社会的发展与进步是人类的共同追求，那么人类在发展过程中必然对自然进行改变，对自然界的破坏就在所难免，人们只能通过对自然的补偿来达到与自然的和谐相处，人们应当不断地投资于对自然界的修补活动，减少自然界对人类的惩罚，如增加绿色植被，加强天然林保护、动植物多样性保护力度等，并加强这方面的研究工作。人类正逐渐学会正确理解人与自然生态环境的关系，既看到人与自然的对立，更看到人与自然的统一，是大自然哺育了人类，人类也应该做到与大自然和谐相处。只有这样，才能树立环保意识，促进经济发展，同时促进人类自身的发展与进步。这关系到全人类的现在和未来，关系到每个公民和每个国家的生死存亡，也关系到人们的生活质量，意义相当重要。

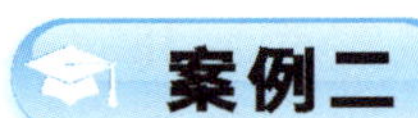

都江堰：持续运转两千多年的工程奇迹

传说很多古老的文明都曾有过宏伟浩大的水利工程，如古罗马的人工渠翻山越涧远距离输水，堪称奇观；如古巴比伦的纳尔—汉谟拉比灌溉区纵横交错，辽阔宏大……但现在无法找到它们存在的任何痕迹。它们，只存在于传说、游记、史诗中。

能在史书中考证的中国水利工程很多，但贯穿两千多年仍经久不衰，而且发挥着愈来愈大的效益的水利工程唯有都江堰。都江堰是中国水利工程史上的伟大奇迹、世界水利工程的璀璨明珠。

习近平总书记指出："始建于战国时期的都江堰，距今已有 2000 多年历史，就是根据岷江的洪涝规律和成都平原悬江的地势特点，因势利导建设的大型生态水利工程，不仅造福当时，而且泽被后世。"联合国世界遗产委员会将都江堰列入世界文化遗产名录，赞誉其为"全世界至今为止，年代最久、唯一留存、以无坝引水为特征的宏大水利工程"。2018 年 8 月，都江堰被列入世界灌溉工程遗产名录。

都江堰远眺

一、水旱从人，天府之源

都江堰水利工程位于四川省成都市都江堰市。这里地处青藏高原与成都平原的过渡地带，一边万峰耸立，一边平畴千里。每当夏秋季节，暖湿气流沿着成都平原向西推进，遇到群山阻挡而被迫爬升，形成频繁的降雨，从山间奔流而下的岷江便水量暴增，在冲出山口之后如脱缰的野马，肆意横流，将平原地带变成一片汪洋。

"江水初荡潏，蜀人几为鱼"（《石犀》唐・岑参）就是最真实的写照。与此同时，岷江冲出山口后，受到玉垒山的阻挡，没有顺直流入整个平原，而是被迫向南，从而造成了成都平原东旱西涝，一边洪水肆虐，一边赤地千里。于是，一幅凝聚着中华民族智慧的治水画卷就此展开。

公元前 256 年，蜀郡守李冰在前人鳖灵开凿的基础上，组织修建都江堰。工程由分水鱼嘴、飞沙堰、宝瓶口等部分组成，建在成都平原西部的岷江出山口处。这里海拔 700 多米，是川西高原向成都平原过渡的地带。在此修建，可借助居高临下、自然倾斜的地形优势，扼住岷江咽喉，发挥工程的最大功效。都江堰修建完成后，彻底解决了岷江水患。

飞沙堰

都江堰不仅化解了洪水猛兽，还打开了成都平原的“水龙头”，成为惠泽后世的利民工程。充足的水源使农业快速发展。后来，李冰还将内江一分为二、二分为四——蒲阳河、柏条河、走马河、江安河，四条干渠在平原地带发散开来，纵横交错、密如蛛网，共同组成了一个庞大的放射状灌溉系统，灌溉面积在两宋时期便达到 1300 平方千米，比香港的面积还要大。直到今天，都江堰水利工程灌区规模仍居全国之冠，达 30 余个县市、面积近千万亩。“水旱从人，不知饥馑，时无荒年，天下谓之天府也。”

二、历经坎坷，古堰新生

都江堰并非一劳永逸的工程，沙石淤积会改变河道的形态，从而影响工程的效用，所以疏浚河道必不可少。每逢冬春之时，岷江水位下降，人们须淘除沙石直到适当深度。同时，飞沙堰、金刚堤等也须完成加固和修复。一年一度的工程维护，人称“岁修”，有效的管理保证了都江堰工程历经两千多年依然能够发挥重要作用。

20 世纪初，尽管中国外忧内患、国事动荡，但都江堰的修缮却一直在按旧例进行。然而自从经过叠溪海子决口对都江堰造成毁灭性破坏之后，修复工作并不彻底。1936 年岷江出现大洪水，刚刚修复的堤堰各工程除鱼嘴外，全部被冲毁。1949 年，本就伤痕累累的都江堰再次遭受巨创，鱼嘴、飞沙堰、金刚堤、百丈堤、顺水堤、人字堤、外江河口等渠首工程被冲毁，14 万亩农田受灾。

鱼嘴

当时，中国人民解放军正在进军西南的途中，贺龙领导的 62 军正准备挥师南下解放四川。地下党紧急派人向贺龙汇报情况。贺龙决定，灌县（现都江堰市）一解放，就立即抢修都江堰，把延误岁修的时间夺回来，不误农时以安民心。

1949 年 12 月 23 日，灌县和平解放。27 日，成都解放。28 日，成都军管会成立并接管了省水利局。1950 年 1 月 16 日，新中国成立后的首次都江堰岁修在喜庆的锣鼓声中拉开帷幕。3 月底，都江堰岁修工程按计划顺利完成。1950 年 4 月 2 日，都江堰举行了新中国成立后的第一次开水典礼。红旗飘飘，鞭炮轰鸣，清流千里的岷江流向广袤的川西平原，围观的群众掌声雷动，欢声不绝。此后，古老的都江堰在新中国重新焕发生机。

三、科技加持，利在千秋

最近几十年来，都江堰在现代科技的加持下，逐渐实现了科学化、自动化，水资源调度愈发科学。2006 年，紫坪铺水利枢纽横空出世。它是都江堰总体规划中的水源工程，建于岷江上游，下距都江堰渠首鱼嘴3.8千米，总库容11.12亿立方米。紫坪铺水库可以将都江堰灌区供水保证率由30%提高到80%，增加枯水期引水量，并为都江堰最终实现规划灌面提供水源；同时可将岷江上游百年一遇洪水经水库调蓄后按10年一遇流量下泄，极大降低了洪水对古堰的威胁。

紫坪铺水库

水的“尽头”也在延伸，发散状灌溉系统继续蔓延拓展。目前，都江堰水利工程已成为地跨岷江、沱江、涪江3个流域，引蓄结合、配套完善的特大型水利工程体系。

灌区面积2.32万平方千米，共有干渠44条，长2047千米；分干渠67条，长1520千米；设计灌溉面积在万亩以上的支渠268条，长3354千米。干渠及分干渠上建有大型水闸6座，中型水闸38座。灌区共有大型水库3座，中型水库18座，小型水库531座，加上其他小微蓄水设施，总蓄水量为20亿立方米。

灌溉范围不断扩展的同时，灌区功能也发展成兼具防洪减灾和保障生活用水、生产用水、生态环境用水等多目标综合服务，担负着四川盆地中西部地区7市40县1130万亩农田灌溉任务，受益人口高达2700万，为四川粮食安全、经济发展、社会稳定和生态环境优美发挥了极为重要的作用，是四川省经济社会发展不可替代的水利基础设施。

都江堰的创建，以不破坏自然资源，充分利用自然资源为人类服务为前提，变害为利，使人、地、水三者高度协和统一，是造福人民的伟大水利工程。

参考资料：

[1] 四川省都江堰管理局. 走进重大水利工程｜都江堰：持续运转两千多年的工程奇迹[EB/OL]. 中国科普网，（2021－11－04）［2022－9－15］. http：//www. kepu. gov. cn/www/article/dtxw/fc9fe1fca3e74a2bb676f7c4a6f4849d.

（二）人类文明发展各阶段的人与自然关系

1. 原始文明时代：人类匍匐在自然脚下

原始文明

根据考古学家的研究，大约在距今500万年前，在一系列自然变迁的驱动下，人类的祖先在适应自然环境的过程中，学会了直立行走；能够使用和制造石器，从而更有效地进行采摘和狩猎；发现了火的存在并学会了对火的控制和利用，从而使人类首次支配了一种自然力；创造了语言并运用于日常生活中，为人类开始认识自然、获取和传承知识、抽象思维与人类高度组织化提供强大工具。人类这四项伟大的进步预示着人类从动物界中分化出来，人类开始进入原始文明时代。

在原始文明时代，人类生活完全依靠大自然赐予，通过采集和渔猎活动来获取和利用自然生产力生产的生活资料来维持其生存与发展。因此，人类发展受到自然生态系统生产力的严重制约，而且还要与各种各样的自然灾害作艰苦卓绝的抗争。在漫长的原始文明时代，尽管人类已经作为具有自觉能动性的主体展现在自然界面前，但是由于缺乏强大的物质和精神手段，对自然界的开发和支配能力极其有限。从本质上讲，人类还处于被自然生产力支配的阶段，在人与自然的关系中处于被动、屈从、敬畏、崇拜地位，并不能掌握自身的命运。

2. 农业文明时代：人类顺从自然的恩赐

农业文明

大约距今1万年前出现了人类文明的第一个重大转折，即人类社会由原始文明时代进入农业文明时代。在农业文明社会，其主要的物质生产活动是农耕和畜牧。人类不再依赖自然界提供的现成食物，而是通过创造适当的条件，使自己所需的动物和植物得到生长和繁衍，并且改变动植物的某些属性和习性，对自然力的利用已经扩大到若干可再生能源，比如畜力、风力、水力，加上各种金属工具的使用，比如铁器农具的使用，大大增强了改造自然的能力。人类生存不再完全依赖自然的赐予，人类不再屈服于自然，人类活动集中到农耕生产活动，而农耕生产为人类提供了绝大多数生活必需品。社会生产力的提高促进了财富的积累、人口的快速增加和社会分工，国家政权的建立有了强大的物质基础。农业文明社会的建立在人类历史上具有重要意义。

在农业文明时代，人们改造自然的能力仍然有限。在农耕活动中，人类必须顺从自然，被动接受自然的恩赐，如肥沃的土地、普照的阳光、风调雨顺等，人类和自然处于初级平衡状态，进而形成了敬畏自然、顺从自然的“天人合一”的传统思想。但长期大规模毁林毁草垦荒的粗放耕作方式和过度放牧，还是导致局部区域生态退化、环境恶化、土壤沙化。

从总体而言，农业经济是自给自足的自然经济，没有形成社会化大生产，人类改造自然的能力有限，没有也不可能对大自然造成毁灭性的破坏。尽管农业文明在相当程度上保持了自然界的生态平衡，但是其社会生产力发展和科学技术进步比较缓慢，这是一种在落后的经济水平上的生态平衡，是人类能动性发挥不足与对自然开发能力薄弱的生态平衡，没有也不可能给人类带来高度的物质与精神文明和主体的真正解放。

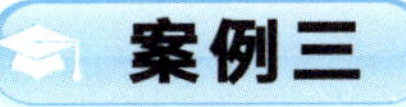
案例三

水稻的起源

水稻是中国最为古老的农作物之一，在中国古老的神话传说中，包括水稻在内的“五谷”都是由神农氏发现和驯化的。所谓神农“尝百草、辨五谷”，反映的就是远古时期我们的祖先将各类谷物从野生状态驯化成粮食的漫长而艰辛的过程。据传，神农氏生活在距今大约五千年前，而从考古发现来看，中国人对水稻的驯化，远远早于这个时期。

长江中下游是中国水稻的起源地，水稻以这里为起点向外扩展，并在距今5000年左右传播到黄河流域和长江以南地区。夏商周时期，水稻的栽培区域进一步扩大，向长江上游、云贵、黄河以北扩张，基本上形成了中国古代水稻分布的大体格局。河姆渡是位于长江下游、隶属于浙江余姚的一个小镇，从1973年开始，考古工作者在这里发现了大面积的新石器文化遗存，其中叠压着四个文化层。而在最下层的文化层，即年代距今7000年前的文化层中，发现了大量的栽培水稻的稻谷遗存。这些稻谷不仅保存状况极佳，而且伴随这些稻谷出土的还有种植水稻的农具。随着近几十年考古工作的不断开展，考古工作者又相相继发现了距今更久远的栽培稻遗存。截至目前，距今1万年以上的栽培稻遗存至少就有6处。这些遗址的发现，将中国的水稻栽培史上溯到10000多年前。也就是说，早在距今10000年前，中国就进入了原始农业文明。

参考资料：

[1] 成都电台. 水稻的五千年进化史 [EB/OL].搜狐网，(2019－02－26) [2020－12－20]. https: //www. sohu. com/a/297718073 _ 100144854.

3. 工业文明时代：人类的索取以及自然的报复

工业文明

18 世纪 80 年代，珍妮纺纱机和瓦特蒸汽机的使用揭开了英国工业革命的序幕。从工场手工业向机器大工业的转变，开创了机器大生产的生产方式。人类生产方式的重大变革使人类文明出现了重大转折，即从农业文明时代转向工业文明时代。工业文明时代的出现使人类和自然的关系发生了根本性的改变，大量的科学技术的运用使人改造自然的能力达到前所未有的地步，人类从进入工业文明以后对自然的改造程度超出了以前所有时代对自然的改造总和。进入工业文明后，自然界不再具有以往的神秘和威力，人们开始找到对付自然力量的手段，甚至人类以工业武装农业，使农业也工业化了。

但是一直以来人类一直追求经济的发展，人与人的关系占据主导地位，人与自然的关系并未真正被意识到，人类忽视了自己对自然的强大的作用力。随着人类文化和科学技术的发展，人类对自然界的影响与作用越来越大。现在，人类的足迹不仅几乎遍及整个生物圈，而且开始出现于太空与海底，扩展到由生物圈、大气圈、水圈、岩石圈组成的自然生态环境系统。于是，人类有些忘乎所以，以人类利益高于一切的人类中心主义思想开始产生与泛滥。人类认为只需凭借知识和理性就足以征服自然，成为自然的主人。

工业文明创造了人类发展史上从未有过的巨大进步，给人类带来了优越的生活条件。但是由于工业文明生产方式的内在缺陷，以及发展中过分追求速度和利益最大化，其负面效应越来越显露。人类盲目崇拜科学技术的作用，在经济社会建设中蔑视自然和无视自然规律，无限制地开采和索取自然资源，任意排放和丢弃工业生产废弃物，给自然造成了空前严重的伤害。资源短缺、环境污染、生态失衡的严峻事实摆在了人类面前，生存环境的恶化，也使人类面临生存危机，人类才不得不重新思考自然环境、生态系统在人类社会生活中的意义与作用。

4. 生态文明时代：人与自然协调发展

生态文明

当今时代，人类正在逼近环境恶化的“引爆点”，区域性的环境污染和大规模的生态破坏时有发生，而且出现了臭氧层破坏、酸雨、物种灭绝、土地沙漠化、森林衰退、海洋污染、野生物种锐减、热带雨林减少等大范围的、全球性的生态危机，严重威胁全人类的生存和发展。大自然给人类敲响了警钟，历史呼唤着新的文明时代的到来。

人类和自然的关系是人类社会最基本的关系。大自然本身是极其富有和慷慨的，但同时又是脆弱和需要保护的；人口数量的增长和人类生活质量的提高不可阻挡，但人类归根结底也是自然的一部分，人类活动不能超过自然界容许的限度，即不能使大自然出现不可逆转地丧失自我修复的能力，否则必将危及人类自身的生存和发展。生态文明时代的核心问题就是要正确处理人与自然的关系，将自然界作为人类生存与发展的基石，明确人类社会必须在生态基础上与自然界发生相互作用、共同发展，人类的经济社会才能持续发展。因而，人类与生存环境的共同进化就是生态文明。生态文明强调获取有度，既要利用又要保护，促进经济发展、人口、资源、环境的动态平衡，不断提升人与自然和谐相处的文明程度。

生态文明的本质要求是尊重自然、顺应自然和保护自然。尊重自然，就是要从内心深处老老实实地承认人是自然之子而非自然之主宰，对自然怀有敬畏之心，决不能任意凌驾于自然之上。顺应自然，就是要使人类的活动符合而不是违背自然界的客观规律。当然，顺应自然并不意味着停止发展甚至重返原始状态，而是在尊重规律的前提下，发挥人的能动性和创造性，科学合理地开发利用自然。形成生态化生产方式，节约能源资源和保护生态环境的产业结构、增长方式、消费模式，发展绿色、循环、低碳、环保经济，促进人类社会经济可持续发展，实现人与自然和谐共生。保护自然，则要求人类在向自然界获取生存和发展之所需时，要呵护自然、回报自然，把人类活动控制在自然能够承载的限度之内，给自然留下恢复元气、休养生息、资源再生的空间，实现人类对自然获取和给予的平衡，防止出现生态赤字和人为造成的不可逆的生态灾难。

生态文明的特征可以从空间和时间两个维度上来进行分析。在空间维度上，生态文明是全人类的共同课题。人类只有一个地球，生态危机是对全人类的威胁和挑战，生态问题具有世界整体性，任何国家都不可能独善其身，必须从全球范围考虑人与自然的平衡。在时间维度上，生态文明是一个动态的历史过程，其承继了先前文明的一切积极因素。生态文明也就涵括人类以前一切文明成果，其理论与实践基础直接建立在工业文明之上，是对工业文明以牺牲环境为代价获取经济效益进行反思的结果，是传统工业文明发展观向现代生态文明发展观的深刻变革。建设生态文明，就是要求人们要自觉地与自然界和谐相处，形成人类社会可持续的生存和发展方式。

我们所追求的生态文明，就是要按照科学发展观的要求，走出一条低投入、低消耗、少排放、高产出、能循环、可持续的新型工业化道路，形成节约资源和保护环境的空间格局、产业结构、生产方式和生活方式，它是人类社会与自然界和谐共处、良性互动、持续发展的一种高级形态的文明境界。中华民族具有五千多年连绵不断的文明历史，为人类文明进步作出了不可磨灭的贡献。我们一定要遵循生态与文明发展的历史规律，大力推进生态文明建设，对中华文明负责，实现中华民族的永续发展，对人类文明负责，共谋人类命运共同体，共建人类绿色家园。

生态文明体制改革总体方案

当今世界的生态环境问题

工业革命以来，科学技术赋予了人类改造自然的强大力量。由于人类不加限制地使用这种力量，已经在全球范围内造成了深重生态环境问题：环境污染、资源短缺和生态破坏。这三类生态环境问题并非相互独立，而是相互联系、相互影响的。

一、环境污染

环境污染主要指由于人类活动使环境的构成或状态发生变化，如向环境中排放某些物质而超过环境的自净能力，造成环境质量下降，危害人类及其他生物正常生存发展的现象。按环境要素，分大气污染、水污染、土壤污染等；按污染物的性质，分生物污染、化学污染、物理污染；按污染物形态，分废气污染、废水污染、固体废物污染、噪声污染、放射性污染等。世界环境污染八大公害事件，以及 1984 年 12 月 3 日发生的印度博帕尔农药厂毒气泄漏事件和 1986 年 4 月 26 日切尔诺贝利核电站放射性物质泄漏事件，都属于严重的环境污染。

按照按环境要素来分，环境污染主要包括大气污染、水污染和土壤污染等。主要的大气污染物包括硫氧化物、氮氧化物、挥发性有机物、重金属和其他固态粉尘。1943 年发生在美国洛杉矶的光化学烟雾事件和 1952 年发生在英国伦敦的烟雾事件是典型的大气污染事件。而近年来发生在我国华北和东北地区的持续雾霾，已经成为政府和人民群众广泛关注的大气环境问题，也在政府和人民的不懈努力下，当地的大气环境状况得到了极大的改善。水污染物主要包括重金属、氮磷化合物、有毒有机化合物、悬浮颗粒物等。其中氮磷化合物造成了水体的富营养化污染，直接威胁到水体中的鱼类和其他生物。而有毒有机化合物会对人体和其他生物造成毒害影响，并会随着水循环在全球范围产生作用。轰动世界的水俣病事件就是因为水体被污染而引发的。土壤污染则严重威胁到人类的粮食安全，其主要污染物包括重金属、有毒有机物、放射性元素和病原微生物等。

（一）大气污染问题

大气污染知识点

大气污染是由于人类活动或自然过程排放的污染物导致空气质量下降的现象。其成因有自然因素（如火山爆发、森林火灾、岩石风化等）和人为因素（如工业废气、燃料燃烧、汽车尾气和核爆炸等），尤以后者为甚。当大气污染物达到足够浓度和持续足够时间，就会对人体健康产生严重危害，甚至致死。因氟利昂的排放导致臭氧层的破坏，因二氧化碳的排放导致大气保温效应等，已引起人们极大关注。从污染的机理上看，大气污染物由人为源或者天然源进入大气（输入），参与大气的循环过程，经过一定时间的滞留之后，又通过大气中的化学反应、生物活动和物理沉降从大气中去除（输出）。如果大气污染物输出的速率小于输入的速率，就会在大气中相对集聚，造成大气中某种物质的浓度升高。当浓度升高到一定程度时，就会直接或间接地对人、生物或材料等造成急性、慢性危害，大气就被污染了。由于我国现代工业对化石能源的依赖，大量二氧化硫、氮氧化物、二氧化碳、烟尘等有害物质被排放到大气环境。经济发展需求伴随着能源需求的不断增长，在风能、太阳能、核能等新能源尚未成熟利用的情况下，传统化石能源在未来相对较长的时期内仍将是我国能源消耗的重要支柱，因此酸雨、碳排放控制也成为大气环境保护所面临的严峻问题。

**案例四**

雾霾之都：伦敦烟雾事件

随着工业革命的深入推进和大都市的迅速发展，空气污染已经成为19世纪环境危机之一，作为工业城市的伦敦常年出现的烟雾已经不是什么新鲜事。但是，1952年的伦敦烟雾事件，使英国政府不得不重新审视大气污染带来的伤害了。因为这次的烟雾不仅是恶臭的、有毒的，而且是致命的。这场“雾都”劫难不仅加速了英国政府治理空气污染的进程，使伦敦摆脱了“雾都”的帽子，同时其采取的相关空气治理政策对全球大气污染防治亦有启发。

一、伦敦烟雾事件回顾

1952年12月5日至9日，伦敦上空受高压系统控制，大量工厂生产和居民燃煤取暖排出的废气难以扩散，积聚在城市上空。伦敦城被黑暗的迷雾所笼罩，马路上几乎没有车，人们小心翼翼地沿着人行道摸索前进。大街上的电灯在烟雾中若明若暗，犹如黑暗中的点点星光。直至 12 月 10 日，强劲的西风吹散了笼罩在伦敦上空的恐怖烟雾。

当时，伦敦空气中的污染物浓度持续上升，许多人出现胸闷、窒息等不适感，发病率和死亡率急剧增加。在大雾持续的 5 天时间里，据英国官方的统计，丧生者达 5000 多人，在大雾过去之后的两个月内有 8000 多人相继死亡。此次事件被称为“伦敦烟雾事件”，成为 20 世纪十大环境公害事件之一。

二、伦敦烟雾事件影响

伦敦烟雾事件造成了数万人的死亡以及给很多人带来了身体疾病后遗症。这种致命灾害让英国政府开始治理空气污染，通过空气污染防治的相关法律法规，成立专门的空气治理机构，定期制定空气污染治理的工作报告，改善伦敦城市空气状况。

伦敦烟雾事件的严重后果。1952 年的伦敦大烟雾是致命的，特别是对老年人、幼儿和有呼吸系统疾病的人们。支气管炎和肺炎死亡人数增加了 7 倍以上，伦敦东区的死亡率上升了 9 倍，人们才意识到烟雾的致命影响。然而，恶劣的影响仍然存在，直到 1953 年夏天，死亡率仍然远远高于正常水平。除此之外，因心脏衰竭、肺炎、肺癌、流感以及其他呼吸道疾病死亡的人数也都成倍增长。

倒逼《清洁空气法》及配套措施出台。1952 年的伦敦烟雾事件之后，1953 年英国政府下令成立比佛委员会，负责调查这次“伦敦烟雾事件”的成因。经过各方面的调查研究，比佛委员会于 1954 年通过《比佛报告》，剖析了这次烟雾的成因，并提出相关的烟雾治理方面的建议。在比佛委员会和卫生部的共同努力之下，英国空气污染防治政策法规体系逐渐建立起来。

1956 年 7 月 5 日，《清洁空气法》正式颁布，这是世界上第一部空气污染防治法案。该法案制定了预先采取相关措施减轻空气污染的相关规定，包括明令禁止烟囱排放黑烟，对熔炉颗粒物和粉尘排放进行严格的限制，划定烟尘控制区，防治烟害，特别是一些特殊区域的烟害防治，建立清洁空气委员会，并确立了其他相关规定。《清洁空气法》对治理伦敦的空气污染起到了明显的效果。

1968 年的《清洁空气法》是对 1956 年法案的修订和补充。在控制黑烟方面，1968 年法案延续了 1956 年法案的控制措施，但是对黑烟控制以及烟囱管理等方面做了更深层次的规定，进一步明确烟囱安装的位置以及提高烟囱的高度。

三、伦敦烟雾事件启示

伦敦烟雾事件的治理措施不仅仅是通过《清洁空气法》这种单一法律措施，在政策制定、政策实施以及政策反馈方面均进行了有益探索。作为全球生态文明建设的重要参与者、贡献者、引领者，我国始终高度重视大气污染防治，具体如下。

在政策制定方面，兼顾不同群体的利益诉求。大气污染防治会涉及不同群体间的利益博弈，处理好不同利益主体的相关诉求，有助于大气污染防治的顺利进行。在空气污染治理方面，针对各利益相关主体的不同诉求可以借鉴英国伦敦空气污染治理政策的一些做法，在政策制定等基础性工作方面进行认真研究。比如，实施生态环境治理补偿机制，建立生态补偿机制法规，成立生态补偿专项资金，以协调各方利益，保证政策制定的科学性。2021 年 7 月 13 日，生态环境部发布的《中国应对气候变化的政策与行动 2020 年度报告》中，展示了我国在 2019 年的大气污染防治方面完善税收政策的成果。政策的制定，有效地兼顾了国家、企业和个人在参与大气污染防治行动过程中的利益。

在政策实施方面，做好大气污染综合治理的配套政策细则。大气污染防治是一个复杂的系统工程，需要各项政策的叠加共同产生作用。我国在2018年修订了《中华人民共和国大气污染防治法》，并在空气监测项目里更加细化地增加了多种氧化物、硫化物等有害成分，为我国的空气污染防治提供了更为标准化的参考指标。同时，加强空气风险保障类的商业产品服务政策，例如研发推广适应需求的精准气候保险类产品、建立全国—地方巨灾气候保险模型试点示范区等。面向重点行业和领域做好大气风险预警平台。

在质量监测与评估方面，完善空气质量评估体系。英国在1952年烟雾事件之后，开始加大对空气质量监督与评估。1987年伦敦开始投资建立空气质量自动监测网络，1990年设立综合污染控制系统，1993年伦敦空气质量监测网络系统形成。自20世纪80年代开始，每年都会出台空气质量状况统计、空气排放物统计，以及针对不同的污染物进行统计。我国近年来主要通过科技创新来支撑空气质量的监测与评估工作，增加监测工作的准确性与科学性。一是在我国气候系统关键区，协调推进气候观象台和大气本底站建设，拓展温室气体立体观测网络功能与布局。二是以气候系统大数据为支撑，基于气象卫星观测数据，研制全球和中国区域植被、海温、冻土、积雪长时间序列气候数据集。同时，关注未来10年至100年气候变化和极端气候事件变化，以及可能的“阈值”和突变点。三是建立中国区域精细化网格月—季—年际预测业务，提高月、季预测和年景预测水平。

在政策反馈方面，还要拓宽空气质量信息公开方式，提供有效的监督和反馈途径，保障公众知情权。例如，2021年4—5月，国家信息中心、有关专家及机构，对“2021中国现代生态发展指数”进行了调查。该调查显示，在“严重威胁公众的污染种类排行榜”中，“空气污染”蝉联榜首，59.8%的受访者表示正在受到空气污染的威胁。

由此可见，大气污染治理并非一朝一夕就能完成的事业，其中既涉及政府及相关部门科学地制定污染防治政策，也涉及从中央到地方各个层面的相互配合协同治理，亦需要社会民众的共同参与，达到空气污染防治共治、蓝天白云共享的效果。

参考资料：

[1] 生态环境部. 雾霾之都：伦敦烟雾事件 [EB/OL]. 生态环境部百家号，(2021-11-25) [2022-9-15]. https：//baijiahao. baidu. com/s? id=1717406820300265597&wfr=spider&for=pc.

（二）水污染

水污染亦称“水体污染”。未经处理的工业废水、生活污水、农业回流水和其他废弃物，直接或间接排入江河湖海，超过水体的自净能力，造成地表水和地下水水质恶化，从而降低水体使用价值和使用功能的现象。按水体污染物类型，分有机污染、病原体污染、热污染、重金属污染等；按水体类型，分地面水污染和地下水污染两类，前者还可分为河流污染、湖泊污染、海洋污染等；按污染物来源，分生活水污染、工业水污染和农业水污染等。水污染常造成水体黑臭、鱼类死亡，破坏风景区的环境，影响人体健康。加强生活污水收纳和工业企业管理，做好废水处理是解决水污染的重要途径。水污染主要是由人类活动产生的污染物造成，主要污染源有：①未经处理而排放的工业废水；②未经处理而排放的生活污水；③大量使用化肥、农药、除草剂而造成的农业污水；④堆放在河边的工业废弃物和生活垃圾；⑤滥砍滥伐，水土流失致使大量农药、化肥随表土流入江河湖海，随之流失的氮、磷、钾营养元素；⑥因过度开采，产生矿山污水。工业废水是水域的重要污染源，具有量大、面积广、成分复杂、毒性大、不易净化、难处理等特点。生活污水主要包括城镇生活中的含各种洗涤剂的污水、粪便污水等，生活污水中含氮、磷、硫多，致病细菌多。农业污水中有机质、农药、化肥及病原微生物含量高。尤其是水土流失时，伴随水土流失的氮、磷、钾营养元素使水体受到不同程度富营养化污染的危害，造成藻类以及其他生物异常繁殖，引起水体透明度和溶解氧的变化，从而致使水质恶化。水污染直接影响饮用水源的水质，危害人体健康。降低农作物的产量和质量，影响渔业生产的产量和质量，制约经济的发展。

案例五

莱茵河：从“下水道”变风景区

如果你打算到德国一游，莱茵河谷是当地人鼎力推荐的景点之一。莱茵河发源于瑞士，全长 1232 公里，经列支敦士登、奥地利、法国、德国和荷兰注入北海，是欧洲第三大河。当你留恋于莱茵河畔的山水与古堡之际，恐怕不会想到：脚下这清澈的河流，曾经是“欧洲的下水道”。

实际上，早在1950年起，受到工业发展的影响，莱茵河曾一度成为欧洲最大的下水道。仅德国段就有约300家工厂把大量的酸、漂液、染料、铜、镉、汞、去污剂、杀虫剂等污染物倾入河中。此外，河中轮船排出的废油、两岸居民倒入的污水、以及农场的化肥、农药，也使其水质遭到严重的污染。据不完全统计，莱茵河中的各种有害物质有1000种以上。干流内鱼虾几乎绝迹，水不能游泳，这条欧洲母亲河沦为“欧洲的下水道”和“欧洲的公厕”。

莱茵河治理的契机，出现在1986年11月。1986年11月1日，瑞士巴塞尔市桑多兹化工厂的仓库发生剧烈爆炸，仓库中存放的1373吨膦酸酯类、硝基苯、有机汞化物以及非法存放的易燃有毒混合物随灭火剂和水一起流入莱茵河，使河流受到严重污染，沿河150km内的60多万条鱼被毒死，沿河500km以内的两岸井水不能饮用，河边的自来水厂、啤酒厂也随即被强行关闭或者停产。据估计这次污染事件，由于一些有毒重金属沉积在底泥中，该河的水生生态系统可能在20年内都难以复原，也就是说，莱茵河将做20年的“死亡河”。

由于环境污染严重，瑞士政府致信各受害国表示歉意，欧共体也专门开会讨论此次污染事件的善后办法，并采取了一些积极的应对措施，防止悲剧的再一次发生。1987年5月《莱茵河行动纲领》出台，沿岸各国开始以前所未有的力度治理污染。

拿德国来说，政治上民间环保意识开始兴起，环保主义政党——绿党的崛起改变了德国政治版图。此后所有政党都花大力气致力于环保，制订法律治污，鼓励环保产业和可再生能源的发展。自1990至2005年，德国温室气体排放下降了18%，而美国同期上升了16%。

从1980年到2005年，有关国家为莱茵河流域治理投入了200亿到300亿欧元。从2005年到2020年，有关治理预计还将投入100亿欧元。而今，各国根据欧盟规定处理污水，环保机构每隔6分钟就从莱茵河不同地点取水样进行抽样检测，实现全程监控。

企业的主动性得到释放。一些大型制药、化工企业开始积极开发环保技术。如德国拜耳公司将其开发的污水处理技术出售，成为该企业的利润新增长点。由此发端，德国发展了一门新的产业——生态工业，并引领全球，创造了新的就业和新的经济增长点。

回顾莱茵河20多年的治理历程不难发现，环保不仅需要政府的决心与决断，亦需要民间草根的推动，既需要法律的威慑，也需要机制鼓励企业与专业人士的积极参与。而这是一个与时间和耐心赛跑的事业。

参考资料：

［1］吴黎明．莱茵河，从“下水道”变风景区［N］．文摘报，2013－10－15（6）．

［2］路振山，张兴国．国外重要环境事件始末——莱茵河污染事件的始末［J］．环境科学动态，1987（05）：30－31．

（三）土壤污染

土壤污染是指污染物在土壤中的积累量超过土壤的基准值，或进入土壤的污染物量超过了土壤自身的净化能力，而导致土壤环境功能失调和土壤生产力下降的现象。工矿企业排出的废水、烟尘和残渣中所含重金属元素和有机物，农用化学药剂中的有害成分，以及有害微生物、寄生虫卵等污染物质，通过灌溉、施用农药、施肥及大气沉降等途径，接触土壤，使土壤中有害物质含量超过一定的标准，影响作物生长发育，并通过粮食和蔬菜等，直接或间接地影响人体健康。当土壤中有害物质过多，超过土壤的自净能力，就会导致土壤的组成、结构和功能发生变化，微生物活动受到抑制，有害物质或其分解产物在土壤中逐渐积累，通过“土壤→植物→人体”或“土壤→水→人体”的形式被人体间接吸收，达到危害人体健康的程度。土壤污染具有隐蔽性和滞后性。大气污染、水污染等问题一般都比较直观，通过感官就能发现。而土壤污染则不同，它往往要对土壤样品进行分析化验和对农作物的残留进行检测，甚至通过研究该土壤对人畜健康状况的影响才能确定，也就是说，土壤污染从污染产生到问题出现通常会滞后较长的时间。如日本的“痛痛病”经过了10～20年才被人们所认识。2018年联合国粮食与农业组织（FAO）发布《土壤污染：隐藏的现实》的报告中概述了全球土壤污染的现状，欧洲经济区和西巴尔干地区约有300万个潜在污染场地，美国有1300多个污染场地被列入超级基金国家优先治理清单，澳大利亚约有8万个土壤污染场地，这还不包括一些中低收入国家有关土壤污染数据和信息缺乏的情况。

二、资源短缺和生态破坏

《全球资源展望2019》报告数据显示：自20世纪70年代以来，原料开采量增长了3倍，其中非金属矿物的使用量增加了5倍，化石燃料使用量增加了

45%。金属矿的使用自1970年以来每年以2.7%的速度增加，而它对于人类健康和气候变化的关联影响在2000—2015年间也翻了一番。化石燃料的使用量从1970年的60亿吨增加到2017年的150亿吨。生物质从90亿吨增加到240亿吨——主要用于食品、原料和能源。预计到2060年，自然资源的使用预计将增长110%，导致森林面积减少10%以上，以及包括草原在内的其他栖息地减少约占20%；全球资源使用量将翻一番，从920亿吨达到1900亿吨，温室气体排放量将增加43%。近半数的全球温室气体排放，以及超过90%的生物多样性丧失和水资源短缺现象，都是由材料、燃料和食品的开采和加工造成的。联合国环境署代理执行主任乔伊斯·姆苏亚说："《全球资源展望2019》表明，人类正毫无节制地攫取地球膏脂，毫不顾忌未来可能面临的风险，这些短视的行为正导致气候变化加剧和生物多样性丧失。如果我们不停下当前疯狂的脚步，我们很多人可能看不到明天。"

世界上可用的矿物、金属、化石原料有限，且无法自行再生。人口数量不断攀升、全球对工业品和消费品的需求量不断增加，导致这些自然资源出现短缺。水、空气、土地等其他自然资源的品质则因经济生产的利用而长期受到不利影响。由于使用增加，而使用方式往往不具备可持续性，因此这些自然资源中可用的高品质形式的资源也越来越少。因此，高效、可持续地利用资源并采用替代性能源和材料，对于赢得全球竞争力越来越重要。

生态环境中的生态平衡是动态的平衡。一旦受到自然和人为因素的干扰，超过了生态系统自我调节能力而不能恢复到原来比较稳定的状态时，生态系统的结构和功能遭到破坏，物质和能量输出输入不能平衡，造成生物多样性减少，动物种群的突增或者突减、食物链的改变等问题，能量流动受阻，物质循环中断，这就产生了生态问题，严重的就成了生态灾难。生态环境问题主要有以下方面：

1. 森林资源减损及其生态系统破坏

森林被誉为"地球之肺""大自然的总调度室"，对环境具有重大的调节功能。因发达国家广泛进口和发展中国家过度开荒、采伐、放牧，森林面积大幅减少。据估计，100年来，全世界的原始森林有80%遭到破坏。联合国粮农组织（FAO）发布的2020年《全球森林资源评估》报告显示：自2015年以来，全球毁林仍然在持续，但是毁林的速度已有所减缓，平均每年有1000万公顷森林被改作其他土地用途。过去10年，亚洲、大洋洲和欧洲森林面积增加，而非洲和南美的森林净损失率最高。报告数据显示，全球共有40.6亿公顷森林，人均森林面积0.52公顷，这相当于全球1/3的陆地面积被森林覆盖。以净面积计算，全球森林面积与2010年相比减少了470万公顷。森林减少会导致土壤流失、水灾频繁、全球变暖、物种消失等生态环境问题。一味向地球索取的人类，已将赖此生存的地球推到了一个十分危险的境地。

2. 生物多样性锐减

生物多样性减少是指包括动植物和微生物在内的所有生物物种，由于生态环境的丧失、资源的过度开发、环境污染和外来物种的引进等原因，自然界的物种在不断消失。地球上有多少物种？几个世纪以来，人类始终在致力于发现和寻找地球生物的多样性，从地壳深处到喜马拉雅高山之巅，从热带雨林到蔚蓝深海，植物、动物、微生物，分类也越来越细致。尽管人类不遗余力地探寻地球生物多样性，但对于地球上具体物种信息，仍没有确定数据。

据世界自然基金会发布的《地球生命力报告2020》报告显示，从1970年到2016年期间，监测到的哺乳类、鸟类、两栖类、爬行类和鱼类种群规模平均下降了68%。以拉丁美洲为例，亚马逊热带森林是地球生物多样性最丰富的生态系中之一，有超过300万物种都生活在雨林，有超过2500树种（约占地球所有热带树木的三分之一）共同维持着这个充满活力的生态系统。但同样在这个雨林，物种灭绝速度也前所未见。据联合国估计，有100万个物种正面临灭绝。仅从2018年8月到2019年7月，亚马孙地区就损失了超过9842平方公里的森林，森林砍伐率达到十年最高峰。而与海洋、森林相比，淡水生物多样性的丧失速度更快。据《地球生命力指数2020》显示，从1700年以来，地球上近90%的湿地已经消失，给淡水生物多样性带来深远影响，纳入地球生命力指数

（LPI）评估的944个淡水物种，3741个种群，其数量平均下降了84%。报告指出，目前全球陆地生物多样性已经岌岌可危，全球平均生物多样性完整性指数只有79%，远低于安全下限值90%，并且仍在不断下滑。生物多样性的存在对进化和保护生物圈的生命保障系统具有不可替代的作用。

中国是世界上生物多样性最丰富的国家之一，其丰富程度排世界第9位。中国陆地森林生态系统区系丰富，生态类型多，为野生动植物栖息和繁衍创造了优越的条件，中国陆地的野生动植物有80%以上物种在森林中生存。但同时也是生物多样性受到威胁最严重的国家之一。2020年高等植物中受威胁种高达1万多种，占评估物种总数的29.3%，真菌中受威胁种类高达6500多种，占评估物种总数的70.3%。

3. 水土流失及土地荒漠化

水土流失是指，在水力、重力、风力等外营力作用下，水土资源和土地生产力的破坏和损失，包括土地表层侵蚀和水土损失，亦称水土损失。地表沃土的流失，带走了大量的有机质和碳、磷、钾养分，土层越来越薄，直接导致土壤肥力降低，最终导致土地生产力的下降。2020年度全国水土流失动态监测结果显示，2020年，全国水土流失面积269.27万平方公里，占国土面积（未含香港、澳门特别行政区和台湾省）的28.15%，较2019年减少1.81万平方公里，减幅0.67%。与20世纪80年代监测的我国水土流失面积最高值相比，全国水土流失面积减少了97.76万平方公里。全国水土流失状况继续呈现面积强度“双下降”、水蚀风蚀“双减少”态势，充分表明我国水土流失综合治理效益持续发挥，生态环境状况整体向好态势进一步稳固。

土地荒漠化是指干旱和半干旱地区，由于自然因素和人类活动的影响而引起生态系统的破坏，使原来非沙漠地区出现了类似沙漠环境的变化。土地荒漠化的迅速蔓延主要是由于人类的不合理活动造成的，包括过度农耕、过度放牧、过度樵采和水资源利用不当等。荒漠化正影响着世界上36亿公顷的土地（占地球陆地总面积的25%）。每年消失的土地可生产2000万吨的粮食，威胁着大约100个国家的10亿多人的生活；每年由于土地荒漠化和土地退化造成的经济损失达到420亿美元。如果不采取特殊的措施，继续保持现在的资源利用方式和强度，土地荒漠化将会继续发展下去。

三、全球生态环境危机

全球生态环境危机，指超越主权国国界和管辖范围的全球性的深重的生态危机、环境危机和资源危机。生态危机主要表现为由生物多样性锐减导致的生态失衡，环境危机主要表现为全球性气候变化和多形态的环境污染，资源危机主要表现为化石能源和矿物资源的衰竭。这三类危机并非相互独立，而是相互联系、相互影响的。

（一）生态危机

警惕生物入侵！揭开这15种常见入侵杀手真面目

生物多样性问题是当前全球面临的重大挑战。野生生物物种正在以惊人的速度消失，一些科学家甚至认为，我们目前正在经历第六次生物大灭绝。在过去的500年间，已知受人类活动影响而灭绝或已经在野外灭绝的物种接近900种。根据世界自然保护联盟（IUCN）的估计，至2016年，近25%的哺乳动物和42%的两栖类动物濒临灭绝。从2006年至2016年仅10年间，被列入《濒危物种红色名录》的濒危物种数量就增加了51%，达到24307种。与此相关的是生物整体数量的下降，世界自然基金会（WWF）研究显示，从1970年至2012年，全球脊椎动物种群整体数量下降了58%，海洋物种种群整体数量下降了36%，而淡水物种种群整体数量更是下降了81%。

在短时间造成生物多样性锐减的主要原因却是人为的，这至少包括三个方面：首先，人类的捕猎和捕捞大大超过某些野生动物的繁殖速率。这一原因造成的生物灭绝事件伴随着人类居住空间扩张的历史。其次，生物栖息地和栖息条件的严重破坏。人类遍布全球各地的居住点和交通网侵占和割裂了野生动物的栖息地。栖息地内的物种数量与其栖息面积成正比，碎片化的栖息地将大大降低其能够承载的物种数量。第三，人类的跨区域活动为入侵物种提供便利。外来物种入侵会导致原生物种灭绝。入侵物种也可能传播对其他物种构成致命威胁的传染病。

人类作为生态系统中的一员，其生存和繁荣依赖于生态系统的持续稳定。其中气温、氧气和二氧化碳浓度、氮磷循环、水循环、粮食生产等诸多条件的稳定直接取决于全球生物多样性的维持。一旦生物多样性遭到根本性破坏，生态平衡就会被打破，人类也必将遭受灭顶之灾。

（二）环境危机

环境危机也直接威胁到人类的持续生存。其中威胁最严重、影响范围最广的是温室气体持续上升导致的全球气候变化。温室气体包括水蒸气、二氧化碳、甲烷、氧化亚氮、氟利昂及其替代物等，这些温室气体的主要来源包括化石燃料燃烧，畜牧业、农业化肥使用，某些作物的种植，化学废弃物等。全球气候变化造成的后果是多方面的：首先，台风、干旱、高温、极寒等极端天气出现频率的增加对人类生产生活和生态系统会造成直接的危害；其次，南北极冰盖融化导致海平面上升，危害经济相对发达的沿海地区；第三，二氧化碳浓度升高会造成海洋酸化，直接影响珊瑚礁的形成，进而破坏海洋生态系统，可能触发全球性生态失衡；第四，气候的剧烈变化远超生物的适应能力，加剧陆生物种的灭绝；第五，改变农业生产状况，某些地区可能因为温度升高而获得更多可耕作土地和更高产量，但某些地区的农业可能受到破坏性影响，从而引发局部的粮食危机。

另外，臭氧层空洞也是地球生态系统面临的重要威胁。臭氧层能够有效吸收阳光中的紫外辐射，阻挡其对地表生物造成伤害，因此臭氧层也被称为地表生物的“保护伞”。自 1975 年以来，每年春天，南极上空都会出现平流层臭氧急剧减损的状况，仿佛在极地上空形成一个空洞。研究表明，造成极地臭氧空洞的主要原因是人工合成的氟氯碳化合物对臭氧的化学催化作用。1987 年世界多国签订《关于消耗臭氧层物质的蒙特利尔议定书》，控制生产和使用对大气臭氧层有破坏性的化学物质。最新数据显示，在各国的共同努力下，极地臭氧层空洞出现了缩减趋势。

环境污染是全人类必须面对的问题。然而不同人群由于经济地位和政治影响力不同，面临的环境威胁也不同。环境污染正在导致严重的环境正义危机。在美国大量的有毒有害废弃物处理点被建设在黑人和少数族裔社区，大多数核废料处理设施被建设在美洲原住民保留地。最近几十年间，发展中国家的环境状况迅速恶化，这当然与其延续发达国家“大量生产、大量消费、大量废弃”的生产生活方式有关，也与发达国家将高污染高耗能产业向发展中国家转移有关。除此之外，发达国家还向落后地区直接出口有毒有害废弃物。1988 年美国费城政府将 15000 吨有毒灰渣运到几内亚的卡萨岛进行填埋，导致该岛上动植物大批死亡。

（三）资源危机

人类还面临着严重的资源和能源危机，这一方面是由于人口增长和经济发展的压力造成的，另一方面环境污染也加剧了这一危机。人口增长将导致激增的粮食需求，使得用水供需矛盾更加紧张，而目前农业用水约占全球人类淡水消耗的 70%，同时，粮食生产的压力进一步增加对耕地的需求，而大量适宜耕种的土地又被城镇化和交通建设占用。通过毁林或填湖造田等方式新开发的耕地不但利用效率低，还会侵占本已岌岌可危的野生动植物栖息地。矿产资源是农业和工业发展的重要支撑，然而矿产具有不可再生性和可耗竭性。据估计，全球主要金属和非金属矿产将在几十年到百余年间耗竭，其中铜、铝、锡、锌、金、银等主要矿产将在未来几年内开采完毕。不可再生的化石能源也面临着类似的耗竭性危机，目前已探明可供开采的石油储量仅可供人类使用 45～50 年，天然气可使用 50～60 年，煤炭可使用 200～300 年。与此同时，环境污染和气候变化等因素降低了水、森林、草原等可再生资源与能源的再生能力，使得资源和能源危机雪上加霜。

生态环境危机的根源

20 世纪 60 年代出现的生态环境危机引发生态环境危机意识，使得哲学家们开始应用传统的伦理学来思考生态环境问题。哲学家们的研究和思考核心围绕两个基本问题展开：一是存在于人与自然环境之间的适当关系是什么？二是这个关系的哲学基础是什么？正是这些哲学家们的追问和反思，从不同的角度思考和揭示生态环境危机的根源。在这里我们仅从思想根源和制度根源两个方面予以简要论述。

一、人类中心主义的价值观是生态环境危机的思想根源

人类中心主义的含义相当广泛，因其是人类的意识与信念，不能用一个严谨的定义将之加以界定，也不能对其内容进行明确界定，学者们便从不同的观点探讨从而产生不同的诠释。但是人类中心主义与将人与自然分离、强调人的优越性为核心的认识是一致的，即人类中心主义持有卜列主要信念：

（1）人是自然的主人和所有人。笛卡儿曾宣称人是自然的主人

和所有人。这种信念源自古希腊的理性主义和基督教义，并已成为今日西方社会的主流世界观。正是因为认为理性是人类思想的核心，人超越了无生命的自然界。

（2）人类是一切价值的来源，大自然对人类而言只具有工具性价值。人类中心主义者认为仅有人具有内在价值，且是一切价值的来源。自然万物对人类有价值，是因为它们能满足人类的需要和利益。

（3）人类具有优越性，故超越自然万物。在西方文明的教条中，认为人是万物的尺度，人是自然的管理者，人自己能控制自己的命运。

（4）人类与其他生物无伦理关系。人类史上最伟大的思想家之一康德认为：只有理性的生物值得人类给予道德关怀。就理性动物而言，理性是其内在价值，并且是其自身追求的目标价值。

美国著名历史学家林恩·怀特在其《生态危机的历史根源》一文中认为：人类中心主义将人与自然分离，人类自认优越而超越自然并任意利用自然的信念是当今生态危机的根源。怀特还认为，当前日益恶化的全球环境是现代科技发展的后果，因为现代科技奠基于人类怀有超越自然、蔑视自然、任意宰割和利用自然的态度。因此人类中心主义伦理观价值导向下的现代科学和技术本身就是破坏生态和环境的工具。学者派斯也在其《环境危机与人类价值观演进》一文中认为，将人与自然分离的信念，是当今环境危机显著的导因。一旦人类自认与自然分离并超越自然，便会毫无忌惮地掠夺这星球上的资源以满足自己的欲望。1972 年举行的联合国人类环境会议第 21 次全体会议上通过的《人类环境宣言》称："人类既是他的环境的创造物，又是他的环境的塑造者，……在现代，人类改造起环境的能力，如果明智地加以使用的话，就可以给各国人民带来开发的利益和提高生活质量的机会。如果使用不当，或轻率地使用，这种能力就给人类和人类环境造成无法估量的损害。在地球上许多地区，我们可以看到周围有越来越多的说明认为的损害的迹象：在水、空气、土壤以及生物中污染达到危险的程度；生物界的生态平衡受到严重和不适当的扰乱；一些无法取代的资源受到破坏或陷于枯竭；在认为的环境，特别是生活和工作环境里存在着有害于人类身体、精神和社会健康的严重缺陷。"

地球是一个脆弱的星球，需要保护，这个观点不容置疑。人类中心主义作为自我服务伦理，缺乏必要的防护来使地球免受人口和资源日益需求的影响。人类中心主义者大多承认存在人类毁坏地球的可能性，并认为人类的永续生存及福祉依赖于地球生态支持系统的健康与稳定。他们也认为人类必须负起责任来维持生命保障系统的健康及保护其可利用状态。对地球的关切态度同时也支持我们对自然进行创造性的操作和实验，对象包括物种、生态区位和生态系统。这些活动应当致力于将人类中心主义的祸害降到最低点。

二、资本主义制度是生态环境危机的制度根源

工业革命不仅给人类带来了技术进步与财富积聚，也消耗着我们赖以生存的这块土地的养分。放眼全球，人类生存环境日益恶化，资源枯竭、环境污染和生态破坏等越来越多的生态危机问题困扰着整个人类，制约着人类社会的发展。马克思就敏锐地预见到人与自然这一潜在的尖锐矛盾，从哲学自然观的角度对人与自然的关系进行了独到的研究，揭示了生态危机幕后的罪魁祸首就是资本主义制度。以生产资料私有制和雇佣关系为基础的资本主义制度，不仅是人与自然、人与人之间矛盾的根源，更是全球性生态危机的根源。

1992 年在里约热内卢召开的地球峰会标志着世界生态历史的转折。面对现实，世界各国共同承诺“可持续发展”，护航人类未来。然而，生态恶化的趋势并没有因此得到抑制，世界各国有识之士仍在不断探索着人类环境日益破坏的根源。由于环境问题的自身复杂性，虽然对于其根源的解释众说纷纭，但有一种解释越来越多地得到学界的认同，那就是生态危机的根源在于资本主义制度及其新时期的主流思想观念——新自由主义。英国学者大卫·哈维在其《新自由主义简史》一书中，深刻揭露了新时期作为资本主义主流的新自由主义对于世界生态问题的灾难性破坏。日本学者中谷岩在《资本主义为什么会自我崩溃——新自由主义者的忏悔》一书中，也坦白了造成新时期环境灾难的元凶之

一是新自由主义。

资本主义的发展史是一部生态破坏史。正如美国学者约翰·贝拉米·福斯特所言："资本主义经济把追求利润增长作为首要目的，所以要不惜任何代价追求经济增长，包括剥削和牺牲世界上绝大多数人的利益。这种迅猛的增长通常意味着迅速消耗能源与材料，同时向环境倾倒越来越多的废物，导致环境急剧恶化。"美国生物学家雷切尔·卡森出版的《寂静的春天》一书因为揭露了滥用农药DDT问题触及了资本家的利益，激起了美国化学行业和部分政府官僚的强烈不满。在经过了长达数年的激烈争论以后，美国政府迫于压力勉强通过了在国内禁止使用DDT的法案但是却仍然大量出口给其他国家使用。这个案例充分表明了资本主义制度是一种只追求私利的扩张性制度，在这种制度下，资本家通过扩大生产、剥削自然来攫取利润，追求眼前短期的利益的同时牺牲了地球的未来以及人类的发展等长远利益，加剧了人与自然的矛盾，破坏着人与自然之间的和谐平衡关系。

生态殖民主义是新世纪资本主义生态霸权最显著的表现，即资本主义国家利用全球一体化的浪潮，通过污染转嫁、资源掠夺等方式，对发展中国家进行生态侵略。这也是生态危机全球化的根本原因。为了降低生产成本与生态成本，资本主义国家却将高污染、高能耗的企业以产业转移的方式转移到了发展中国家，利用发展中国家的廉价自然资源与廉价劳动力扩大生产，获取巨额利润，将污染排放在发展中国家，加重了发展中国家的生态问题。资本主义生态霸权还体现在资本主义国家掌握生态话语权，建立资本主义生态体系，利用生态产业垄断生态技术上。

可见，在资本主义制度下，人与自然的关系在实质上表现为资本主义对自然的占有与掠夺，生态危机表现出人与自然关系的恶化。资本主义唯利是图的生产方式，不仅造成了人与自然的对立，更造成了人与人关系的异化。简言之，资本主义制度有着无法摆脱的扩张性与剥削性，这些特性注定了资本主义制度对资源、生态以及人类本身的破坏。可以说，资本主义在本质上是反生态的。

拓展阅读

恩格斯的生态观及其现代意义

恩格斯的生态观主要有以下四个方面：

第一，恩格斯认为劳动是人与自然关系的核心环节，只有人的实践，才能产生人与自然的关系。恩格斯的这一思想是通过对比人与动物的本质区别体现出来的。人与动物的活动虽然对自然界都会产生一定的影响，但二者有着本质上的区别。恩格斯在《劳动在从猿到人转变过程中的作用》一文中强调了人的实践活动，即劳动使人并不像动物那样仅仅是消极地适应自然界，而是有目的地变革、利用自然。只有人才能在自然界上打下他们的意志印记。正是劳动使人实现了第一次提升，从动物界脱离出来，从而使人与自然的关系发生了质的变化。通过劳动，人类取得了改造自然的实践活动中的一个又一个胜利，并使自然界的面貌和人类社会的面貌都发生了根本的改变。因此，恩格斯相当重视主体的能动性，可见，恩格斯的生态观是积极的。

第二，恩格斯指出正确认识和运用自然规律是改造自然的前提。人的主观能动性的发挥要受各种客观条件的制约，即人有受动性的一面。所以，人类不能过于自负，盲目以为自己是“宇宙之精华，万物之灵长”，而滥用人的实践能力。恩格斯针对当时已经出现的一些生态失衡现象，警告人类：“我们不要过分陶醉于我们对自然界的胜利。对于每一次这样的胜利，自然界都报复了我们。”所以，人类必须考虑自己的行为可能带来的长期后果。这就需要人类在改造自然时，要尊重自然规律，在顺应自然的基础上对自然界进行变革。对自然界的随心所欲、为所欲为、不顾后果的肆意开发，只会遭到自然界的反噬。而只有在充分认识并掌握自然规律后，主客体之间达到一种统一，人类才能真正成为自然界的主人，按自己的目的去变革自然，人与自然也才能真正相互协调、共同进化发展。

第三，恩格斯论述了人与自然界的统一性。人类是自然之子，人永远不能割断与自然界的联系，不能凌驾于自然界之上。人类一方面按照一定的目的以自己的劳动改造着自然界，使自然不断地适应人类的发展；另一方面，人类也必须改造自身以适应自然界的发展，这是人类生存的前提。因为人类的活动作用于自然界的同时，作为客体的自然界也反作用于人类，即把人类对自然界的影响反馈给人类。这种反馈不仅仅是给人类提供生存发展的物质资料，同时也以一种异己力量呈现在人们面前。所以，必须形成人与自然协调统一的关系，实现人与自然的互利共生，共同发展。

第四，恩格斯把自然观和历史观统一起来，认为协调人与自然的关系必须对社会生产方式以及社会制度进行变革。人不仅具有自然属性，还具有社会属性。人类并不是孤立地与自然界发生关系，而是以社会为媒介与自然界发生关系，对自然界进行着改造。人不仅是自然存在，也是社会存在。人类要想成为自然界的主人，只有推翻资本主义制度，建立社会主义制度，进而过渡到共产主义社会才能实现。恩格斯看到了资本主义及以前的一切生产方式都存在着局限性，即“都只在于取得劳动最近的、最直接的有益效果”“统治利益就成为生产的推动因素”。这种局限性决定了他们不可能考虑自己行为的长期后果。而资本主义生产方式的最大目标是对高额利润的追求，当高额利润和保护自然生态平衡相矛盾时，只能牺牲后者。所以，建立人与自然的和谐关系是与合理的生产方式及社会制度统一在一起的。只有推翻不合理的社会制度，建立一个真正完善的社会制度，才可能真正实现人与自然的协调发展。因此，不仅要形成人与自然的新型关系，还要形成人与人的新型关系，人类才能自觉地创造历史。

由以上四个方面可以看出，恩格斯的生态观是积极的、谦逊的、理智的。他在强调主体的实践意义的同时，警告人类不要滥用这种实践能力。不仅要在人与自然统一的基础上改造自然，而且还要改造社会、改造人性，这样才能创造出一个更加美好的家园。

参考资料：

[1] 岳长红. 恩格斯的生态观及其现代意义 [J]. 黑龙江教育学院学报，2003（01）：5—6.

湖南做法

为了一江碧水重现

——湖南湘江的保护与治理

作为长江的主要支流之一，奔腾不息的湘江，孕育了一代代三湘儿女，创造了辉煌灿烂的湖湘文化。然而，蜿蜒千里的母亲河在为湖南人民输送巨大财富的同时，也承担着不能承受之重：由于湘江沿岸重金属产业发达、历史遗留污染多等原因，湘江流域局部地区重金属污染非常严重，累积性污染问题聚集，局部区域环境风险隐患突出，畜禽养殖和农村生活垃圾造成的污染日益凸显。

2013 年，湖南省启动把湘江流域保护和治理作为省“一号重点工程”，作为两型社会建设的头等大事来抓，以生态文明建设理念为指引，按照“不搞大开发、共抓大保护、恢复大生态、提升大协作”的总体思路，滚动实施 3 个

“三年行动计划”，全面打响湘江保护与治理的攻坚战和持久战，誓为子孙后代留下一江清水！

污染在水里，问题在岸上。工业废水、生活污水、畜禽养殖粪污……无一不是湘江“痛点”。围绕堵源头，标本兼治，湘江流域开展了一系列治理行动：

湘江流域1182家涉重金属污染企业关闭淘汰，斩断入江“污龙”，驱散腾空黑烟。湘江流域县以上城镇生活污水和垃圾无害化收集处理设施实现全覆盖，处理率分别达到93.3%和99.2%。

湘江长株潭河段实现全面禁止采砂，自然保护区、饮用水水源保护区采砂一律叫停。

湘江沿岸2273家规模畜禽养殖场退养，86.3万平方米栏舍拆除，湘江流域不再污水横流、臭气熏天。

五大主要重金属污染区域湘潭竹埠港、株洲清水塘、衡阳水口山、娄底锡矿山、郴州三十六湾，成为湘江流域污染治理的“主战场”。

治污虽然给企业带来了阵痛，但也为企业发展赢得了生机，实践证明，雷霆治污并没有影响经济发展，恰恰推动了经济更高质量地发展。湘江两岸，产业结构变“轻”，发展模式变“绿”，经济质量变“优”，一幅绿色发展图卷正徐徐展开。据统计，2013—2017年湖南省累计投入各类资金468亿元，关闭流域涉重金属污染企业1000多家，治理水土流失面积755平方千米，复绿矿山1500多公顷，新增造林面积500多万亩，鱼类资源量以每年5%左右的速度递增。与2013年相比，2017年湘江流域Ⅰ至Ⅲ类水质断面比例提高4.3个百分点。2017年比2013年，湘江沿线8市GDP累计增长41.3%，财政收入累计增长39.4%。

用环境治理留住绿水青山，用绿色发展赢得金山银山。绿水青山，就是金山银山！

参考资料：

[1] 唐婷，曹娴，刘勇，等. 为了一江碧水重现——湘江保护与治理省“一号重点工程”5 年回眸 [N]. 湖南日报，2018－05－29 (1).

绿色行动

1. 请结合专业谈谈你认为可以从哪些方面来保护我们的湘江。

2. 垃圾是城市系统正常运行过程中产生的废物，结合实际谈谈生活垃圾对环境的污染，新时代大学生可以为防治生活垃圾污染做出什么贡献。

3. 请同学们对农村的环境状况进行调查研究，了解农村污染现状，发现污染来源，并能根据调查结果提出切实可行的解决办法。

资源推荐

1. 小曼努埃尔·C. 莫里斯. 认识生态 [M]. 孙振钧. 北京：科学技术文献出版社，2019.

2. 蒋高明. 中国生态六讲 [M]. 北京：中国科学技术出版社，2016.

3. 杰里米·里夫金. 零碳社会：生态文明的崛起和全球绿色新政 [M]. 赛迪研究院专家组. 北京：中信出版社，2020.

4. 雷切尔·卡森. 寂静的春天 [M]. 辛红娟. 上海：译林出版社，2018.

5. 亨利·戴维·梭罗. 瓦尔登湖 [M]. 吴新颖. 昆明：晨光出版社，2018.

6. 杜扬，王中磊，陆川，等. 可可西里 [EB/OL]. 华谊兄弟传媒股份有限公司，(2004－10－01) [2020－12－20]. https：//www. mgtv. com/h/8259. html? cxid＝95kqkw8n6.

7. 卢风，陈杨. 全球生态危机 [J]. 绿色中国，2018 (03)：4.

8. 联合国环境规划署国际资源小组. 全球资源展望 2019 [R]. 内罗毕：联合国环境规划署，2019.

第二章

绿水青山天人和

——建设什么样的生态文明

生态文明的理念和实践

一、新中国生态环境保护理念和实践

中国共产党执政以来对环境与发展问题积累的许多正确的思想和行动为生态文明建设理念提供了思想源泉。中华人民共和国成立70多年来，党中央高度重视生态环境的保护工作，我国生态环境保护和生态文明建设取得了突出的成就。

60多年前，毛泽东同志发出了“绿化祖国”的伟大号召；30多年前，邓小平同志提议，“植树造林，绿化祖国，造福后代”，认为生态环境保护是一项长期而艰巨的系统工程。第五届全国人民代表大会第四次会议审议通过了《关于开展全民义务植树运动的决议》，全民义务植树运动在祖国大地蓬勃开展起来。党的十三届四中全会后，江泽民同志提出了可持续发展战略，强调了实现经济社会和人口资源环境之间协调发展的重要性。党的十六届三中全会后，胡锦涛同志提出了科学发展观，并号召建设资源节约型、环境友好型的“两型社会”。绿化祖国、可持续发展、两型社会建设等制度的相继推出，环境保护法律和制度体系日趋完善和成熟，使我国绿色发展、循环发展、低碳发展之路成效显著。

党的十八大把生态文明建设纳入了中国特色社会主义事业“五位一体”的总体布局，明确指出生态环境是关系党的使命宗旨的重大政治问题，也是关系民生的重大社会问题，生态文明建设是关系中华民族未来发展的长远大计。党的十八大以来，以习近平同志为核心的党中央高度重视社会主义生态文明建设，坚持把生态文明建设作为统筹推进“五位一体”总体布局和协调推进“四个全面”战略布局的重要内容，坚决打好污染防治攻坚战，深入实施大气、水、土壤污染防治三大行动计划；全面加强党对生态环境保护的领导，落实领导干部生态文明建设责任制，严格实行党政同责、一岗双责，强化考核问责，对生态环境保护责任没有落实、推诿扯皮、没有完成工作任务的，依纪依法严格问责、终身追责。党中央、国务院相继出台了《关于加快推进生态文明建设的意见》《生态文明体制改革总体方案》等重要文件。党的十九大报告提出，新时代中国特色社会主义思想的基本方略之一是“坚持人与自然和谐共生”，并将“加快生态文明体制改革，建设美丽中国”作为建设社会主义现代化国家新征程的一项重要任务。

党的二十大报告专篇讲述“推动绿色发展，促进人与自然和谐共生”，强调“我们要推进美丽中国建设，坚持山水林田湖草沙一体化保护和系统治理，统筹产业结构调整、污染治理、生态保护、应对气候变化，协同推进降碳、减污、扩绿、增长，推进生态优先、节约集约、绿色低碳发展。”二十大报告还提出，到二〇三五年，我国发展的总体目标中包括“广泛形成绿色生产生活方式，碳排放达峰后稳中有降，生态环境根本好转，美丽中国目标基本实现”。这为我国在新时代新征程下的生态文明发展擘画出宏伟蓝图。

塞罕坝：五十五年持续造林护林
荒原沙地变成绿水青山

20世纪50年代中期，毛泽东同志发出了“绿化祖国”的伟大号召。其后，林业部决定在河北北部建立大型机械林场，经过实地勘察，选址于塞罕坝。1962年，塞罕坝林场正式组建。

按照国家计划委员会批复的规划设计方案，塞罕坝林场承担四项重任：建成大片用材林基地，生产中、小径级用材；改变当地自然面貌，保持水土，为减少京津地带风沙危害创造条件；研究积累高寒地区造林和育林的经验；研究积累大型国营机械化林场经营管理的经验。

55年前的那个秋天，369名林场创业者满怀激情，从大江南北毅然走上塞北高原，这支平均年龄不到24岁的队伍，拉开了塞罕坝林场建设的历史帷幕。此时，距离木兰围场开围放垦，恰好百年。

良好的自然生态系统，是亿万年间形成的，是大自然给予人类的宝贵馈赠。对绿水青山，破坏和毁灭可能只在旦夕之间，恢复和重建却是异常艰难而漫长的过程。

建场初期，塞罕坝气候恶劣，沙化严重，缺食少房，偏远闭塞。“一年一场风，年始到年终。”极端最低气温达零下43.3摄氏度，年均积雪时间长达7个月。塞罕坝人坚持“先治坡、后置窝，先生产、后生活”，吃黑莜面、喝冰雪水、住马架子、睡地窨子，顶风冒雪，垦荒植树。

他们不畏艰难，愈挫愈勇，克服了一个个困难，闯过了一道道难关。改进“水土不服”的苏联造林机械和植苗锹，改变传统的遮阴育苗法，在高原地区首次成功实现全光育苗。1962年、1963年两次造林失败后，1964年春天开展的“马蹄坑造林大会战”，造林成活率达到90%以上，提振了士气，坚定了信心。从此，塞罕坝的造林事业开足马力，最多时一年造林8万亩。在平均海拔

1500米的塞罕坝高原上，一代代务林人顽强地扎下根来，种下一棵棵落叶松、樟子松、云杉幼苗，种下恢复绿水青山、创造美好生活的理想和信念。“美丽高岭”重现生机。

从卫星云图上看塞罕坝112万亩人工防护林，这一片深绿，就像一只展开双翅的雄鹰，牢牢扼守在内蒙古高原浑善达克沙地南缘。这万顷林海，和河北承德、张家口等地的茂密森林连成一体，筑起一道绿色长城，成为京津冀和华北地区的风沙屏障、水源卫士。

参考资料：

[1] 武卫政，刘毅，史自强. 五十五年持续造林护林荒原沙地变成绿水青山塞罕坝：生态文明建设范例 [J]. 新疆林业，2018（2）：8.

二、“两山论”的发展演进

思想形成脉络

习近平总书记历来高度重视生态环境保护工作，围绕“绿水青山”与“金山银山”的辩证关系，先后作出一系列重要讲话、重要论述和批示指示，提出了一系列新理念新思想新战略。这集中体现了以习近平同志为核心的党中央为推动和促进人与自然和谐，对经济社会发展规律认识、党的执政理念和执政方式的不断深化和勇于变革。这一认识过程可大致划分为三个阶段：

（一）萌芽起步阶段

习近平总书记对生态环境保护工作的重视起步于其早期的知青岁月和整个地方政治生涯。

20世纪60年代，习近平同志担任陕西省延川县梁家河大队党支部书记时，为解决当地群众大量砍伐树木烧火做饭造成的水土流失问题，带领村民改善生态、打坝造田、发展生产；利用秸秆和粪便建成了陕西省第一个沼气化村，解决了村民的做饭、照明问题，这是循环经济的一次卓有成效的实践，彰显出习近平同志最初的生态情结。

案例二

梁家河的第一个沼气池

1974 年 1 月，习近平同志刚刚当选为梁家河大队党支部书记，他一直琢磨着能为改变梁家河的面貌做些什么，琢磨着推动梁家河发展的切入点。一天，习近平正在翻看着报纸，当月 8 日的《人民日报》介绍了四川省中江县龙台公社利用沼气代替柴草和煤炭、土法制取和利用沼气的经验，这篇报道深深地吸引了他——如果梁家河这儿也能用沼气煮饭、照明该多好啊！习近平同志立即意识到梁家河缺煤少柴的情况可以用发展沼气来解决。是年 7 月，习近平同志带领梁家河村民远赴四川“取经”后，经过反复测量，习近平同志最后把试验池选在了知青居住点旁边，这里的土壤密度相对要大一些。没有石头，习近平同志带人在烂泥滩里铲去一米多厚的土层，挖出了石头；没有沙子，习近平同志带着几个青年，到 15 里外的前马沟去挖，一袋一袋往回背，每天两趟，背上磨破了皮，没人喊一声累；没有石灰，他向有经验的师傅讨教，四处寻找石灰石，办起了一个小石灰场自己烧制石灰……

揣着一定要把沼气办成的信念，习近平同志忙碌着，如同一个高速运转的陀螺。在习近平同志的信念坚守和艰苦努力下，1974 年 7 月中旬，一个容量约 8 立方米的沼气池建成了。梁家河建成了沼气池，解决了村民做饭、照明和施肥的问题，这个传统直到今天仍然保留了下来。小小沼气池，不仅仅是资源循环利用的问题，在当时的时代，更具有重要的意义。

参考资料：

[1] 中央广播电视总台. 12 集大型广播纪实文学《梁家河》第七集：沼气专业户[EB/OL]. 中央广播电视总台，（2018－6－18）［2020－12－20］. http：//news. cctv. com/special/ljh/.

1983—1985 年，习近平同志担任河北省正定县委书记时，提出了“宁肯不要钱，也不要污染”的理念。主持制订《正定县经济、技术、社会发展总体规划》，强调保护环境，消除污染，治理开发利用资源，保持生态平衡，是现代化建设的重要任务，也是人民生产、生活的迫切要求。严格防止污染搬家、污染下乡。这些观点和要求都体现出习近平同志的生态情怀。

1988—1990 年，习近平同志担任福建省宁德市委书记时，为了改变闽东地区的落后面貌，提出“靠山吃山唱山歌，靠海吃海念海经”的“山海经”发展思路，积极振兴林业。特别强调，只有山、海、田一起抓，才能真正地把宁德的农业推上新的发展道路。

1999—2002 年，时任福建省省长的习近平同志，提出建设“生态省”战略构想，开始了福建省的生态保护工程。“通过以建设生态省为载体，转变经济发展方式，提高资源综合利用率，维护生态良性循环，保障生态安全，努力开创‘生产发展、生活富裕、生态良好的文明发展道路’，把美好家园奉献给人民群众，把青山绿水留给子孙后代。”他五次视察长汀县水土流失综合治理项目，开启了大规模治山治水的新篇章，彰显出明确的生态文明理念。

2003—2007 年，习近平同志担任浙江省委书记时，在湖州安吉余村考察，首次明确提出了“绿水青山就是金山银山”的发展理念，同时还在浙江全省推进“千村示范、万村整治”。他提出，不重视生态的政府是不清醒的政府，不重视生态的领导是不称职的领导，不重视生态的企业是没有希望的企业，不重视生态的公民不能算是具备现代文明意识的公民。

2007 年，习近平同志担任上海市委书记时，强调要保护好自然村落，保护好城乡的历史风貌，妥善处理好保护与发展，改造与建设的关系。他在金山区调研时提出，金山要建设百里花园、百里果园、百里菜园，成为上海的后花园。“广大农村地区是整个城市不可或缺的生态屏障，是城市的‘氧吧’和‘绿肺’，这是其他任何产业不能替代的。”他在青浦调研时指出，要加强环境保护和生态治理，进一步加大污染控制力度，加强水环境治理，做好生态治理工作；要积极探索建立环境保护补偿机制，立足实际，加快建立与周边省市的协同机制，真正形成湖区治理的长效机制。他在上海化学工业区、吴泾化工区调研时强调要坚持把节能减排作为调整经济结构、转变发展方式的重要抓手，大力发展循环经济，加快形成可持续的生产方式。

回顾习近平同志在不同地域关于生态环境保护和生态文明建设系列重要理念、论断和实践是中华人民共和国成立 70 多年来我国生态环境保护和生态文明建设的历史缩影和经验总结，体现了习近平同志对生态环境保护的关注，又彰显了习近平同志作为马克思主义人与自然观理论家的大智慧和大担当。

（二）深入探索阶段

习近平总书记对生态文明理念的进一步完善，集中体现在“绿水青山就是金山银山”的著名论断（简称为“两山论”）。

早在 2004 年 7 月，习近平同志就提出了“绿水青山”“金山银山”的关系范畴。在浙江全省“千村示范、万村整治”工作现场会上，习近平同志指出：“实践证明，‘千村示范、万村整治’作为一项‘生态工程’，是推动生态省建设的有效载体，既保护了‘绿水青山’，又带来了‘金山银山’，使越来越多的村庄成了绿色生态富民家园，形成经济生态化、生态经济化的良性循环。” 2006 年3 月，习近平同志在中国人民大学发表演讲。在这里，他首次系统论述了“绿水青山”和“金山银山”的辩证关系。2013 年 9 月，在哈萨克斯坦纳扎尔巴耶夫大学回答学生提问时，习近平同志进一步明确阐述“绿水青山就是金山银山”发展理念。习近平同志强调，中国明确把生态环境保护摆在更加突出的位置。我们既要绿水青山，也要金山银山。宁要绿水青山，不要金山银山，而且绿水青山就是金山银山。2017 年，中国共产党第十九次大会指出：我们要建设人与自然和谐的现代化。绿色发展是现代化必须坚持的重大原则，是当今时代科技革命和产业变革的大方向，时代发展大趋势。坚持绿色发展，是一项长期、复杂、艰巨的历史任务，“绿水青山就是金山银山”不仅写入党的十九大报告还写入了修订后的《中国共产党章程》，成为党积极建设生态文明的党的意志，也是国家建设生态文明根本的思想遵循。

2012 年 11 月，党的十八大召开，习近平同志担任党的十八大报告起草组组长，把生态文明建设作为统筹推进“五位一体”总体布局和协调推进“四个全面”战略布局的重要内容，首次把“美丽中国”作为生态文明建设的宏伟目标。11 月 14 日通过的《中国共产党章程》指出，“中国共产党领导人民建设社会主义生态文明。树立尊重自然、顺应自然、保护自然的生态文明理念，坚持节约资源和保护环境的基本国策，坚持节约优先、保护优先、自然恢复为主的方针，坚持生产发展、生活富裕、生态良好的文明发展道路。着力建设资源节约型、环境友好型社会，形成节约资源和保护环境的空间格局、产业结构、生产方式、生活方式，为人民创造良好生产生活环境，实现中华民族永续发展”。

2013 年 11 月，提出“建立系统完整的生态文明制度体系”。党的十八届三中全会审议通过了《中共中央关于全面深化改革若干重大问题的决定》，提出建设生态文明，必须建立系统完整的生态文明制度体系，实行最严格的源头保护制度、损害赔偿制度、责任追究制度，完善环境治理和生态修复制度，用制度保护生态环境。

2014 年 10 月，“保护生态环境”列入全面依法治国内容。党的十八届四中全会审议通过的《中共中央关于全面推进依法治国若干重大问题的决定》指出，用严格的法律制度保护生态环境，加快建立有效约束开发行为和促进绿色发展、循环发展、低碳发展的生态文明法律制度，强化生产者环境保护的法律责任，大幅度提高违法成本。建立健全自然资源产权法律制度，完善国土空间开发保护方面的法律制度，制定完善生态补偿和土壤、水、大气污染防治及海洋生态环境保护等法律法规，促进生态文明建设。

2016年5月，大气、水、土壤污染治理的立体作战图全面绘就。国务院印发《土壤污染防治行动计划》，这份文件与已经出台的《大气污染防治行动计划》和《水污染防治行动计划》已经全部制定发布实施，大气、水、土壤污染治理的立体作战图全面绘就。

2016年6月，《关于设立统一规范的国家生态文明试验区的意见》审议通过。习近平总书记主持召开的中央全面深化改革领导小组（2018年3月改为中国共产党中央全面深化改革委员会）第二十五次会议审议通过了《关于设立统一规范的国家生态文明试验区的意见》。设立统一规范的国家生态文明试验区，目的是开展生态文明体制改革综合试验，为完善生态文明制度体系探索路径、积累经验。

2017年7月，进一步扩展“山水林田湖草”作为生命共同体的理念。中央全面深化改革领导小组第三十七次会议上，习近平总书记在谈及建立国家公园体制时说：“坚持山水林田湖草是一个生命共同体。”我国草原面积有近4亿公顷，约占陆地国土面积的41.7%。虽然只增加了一个“草”字，却把我国最大的陆地生态系统纳入生命共同体中，体现了深刻的大生态观。

2017年10月，“污染防治攻坚战”成为党的十九大提出的“三大攻坚战”之一。党的十九大报告指出，要坚决打好防范化解重大风险、精准脱贫、污染防治的攻坚战，使全面建成小康社会得到人民认可、经得起历史检验。“坚持人与自然和谐共生”成为新时代坚持和发展中国特色社会主义十四条基本方略之一。党的十九大报告指出，坚持人与自然和谐共生。建设生态文明是中华民族永续发展的千年大计。必须树立和践行绿水青山就是金山银山的理念，坚持节约资源和保护环境的基本国策，像对待生命一样对待生态环境，统筹山水林田湖草系统治理，实行最严格的生态环境保护制度，形成绿色发展方式和生活方式，坚定走生产发展、生活富裕、生态良好的文明发展道路，建设美丽中国，为人民创造良好生产生活环境，为全球生态安全作出贡献。

2018年3月，将“生态文明”写入宪法。十三届全国人大一次会议通过的《中华人民共和国宪法修正案》指出，“推动物质文明、政治文明和精神文明协调发展，把我国建设成为富强、民主、文明的社会主义国家”修改为“推动物质文明、政治文明、精神文明、社会文明、生态文明协调发展，把我国建设成为富强民主文明和谐美丽的社会主义现代化强国，实现中华民族伟大复兴”。

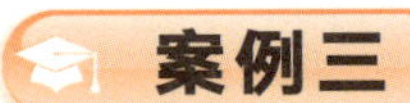

案例三

“两山论”科学论断发源地

——浙江安吉余村“变脸记”

浙江湖州安吉县余村是习近平总书记“两山论”科学论断发源地，也是浙江省“中国美丽乡村”精品示范村。

走进安吉天荒坪镇余村，三面青山环绕，漫山翠竹，小溪潺潺，鸟语花香，入眼皆是美景。让人想不到的是，十多年前，这里曾是一副空中飞沙走石、河里泥浆遍布的“穷山恶水”景象。

水泥厂（拆除前）

水泥厂（拆除后）

20 世纪 90 年代，山里优质的石灰岩资源，让这里成为安吉县规模最大的石灰石开采区。当年开采石矿，村里每年有二三百万元纯收入，是安吉名副其实的首富村，石矿被村民称作“命根子”。然而，采矿要用炸药，村里经常是惊天动地的爆炸声，整个村子常常“灰头土脸”。经济高增长的代价，是灰蒙蒙的天、浑浊的水、尘土飞扬的山。

叶家堂自然村（建设前）

叶家堂自然村（建设后）

2005 年 8 月 15 日，时任浙江省委书记的习近平同志来到了处于转型发展中的余村调研，提出了“绿水青山就是金山银山”的科学论断，给当地指出了一条绿色发展之路。

从此，余村人下决心封山护水。村里重新调整发展规划，把全村划分为“生态旅游区、美丽宜居区、田园观光区”三个区块，将村庄作了合理的布局，陆续完成污水处理、垃圾清理、山塘水库修复、节点景观改造、厂区拆迁、道路三化、河道整治等工作。

大坦自然村（建设前）

大坦自然村（建设后）

村民们开始发展休闲产业，逐步形成了旅游观光、河道漂流、户外拓展、休闲会务、登山垂钓、果蔬采摘、农事体验的休闲旅游产业链。

昔日的余村是矿山和小水泥厂的世界。如今，“废水有了家，垃圾有人拉，村头有树荫，河里有鱼虾”，实现了从“卖资源”到“卖风景”的华丽转变，逐步走出一条产业兴、生态美、百姓富的可持续发展路子。

2017 年，全村实现国民生产总值 2.776 亿元，农民人均收入 41378 元，村集体经济收入达到 410 万元。

以余村为代表的中国美丽乡村，正在经历前所未有的大“变脸”。不负绿水青山，才能创造更多的“金山银山”，余村人把这制胜的法宝永远刻在石碑上，希望各地的参观者，学习它、领悟它，让更多的山村也走出一条可持续的绿色发展之路。

参考资料：

[1] 王竹，杨琼.“两山”重要思想发源地——浙江安吉余村“变脸记”[EB/OL]. 中央广播电视总台国际在线，(2018－04－23) [2020－12－20]. https://baijiahao.baidu.com/s?id=1598504514613879836&wfr=spider&for=pc.

（三）攻坚发展阶段

2018 年 5 月，习近平总书记出席全国生态环境保护大会并发表《坚决打好污染防治攻坚战，推动我国生态文明建设迈上新台阶》重要讲话，深刻回答了为什么建设生态文明、建设什么样的生态文明、怎样建设生态文明等重大理论和实践问题。首次提出了“生态文明体系”，涉及生态文化体系、生态经济体系、生态环境质量目标责任体系、生态文明制度体系和生态安全体系五大方面；作出了我国生态文明建设处在关键期、攻坚期、窗口期的新判断以及我国正在推动生态环境保护发生历史性、转折性、全局性的变化的新分析，指出生态环境问题的新定位，系统论述了建设生态文明必须坚持的新原则，明确了生态环境保护新任务，要求加快构建生态文明新体系，确定了生态文明建设新目标，提出生态环境保护新要求；创造性地回答当代中国和人类社会生态文明建设的重大理论和实践问题，既为马克思主义生态文明学说体系的当代创立作出了历史性贡献，也成为人类社会实现绿色发展的共同财富。

2022 年 10 月，习近平总书记在党的二十大报告中，就新时代我国的生态文明建设，在指出过去十年我国生态环境保护发生历史性、转折性、全局性变化，祖国天更蓝、山更绿、水更清的基础上，着眼到本世纪中叶把我国建成富强民主文明和谐美丽的社会主义现代化强国目标、总的战略安排，首次从战略高度明确了生态文明建设对于“以中国式现代化全面推进中华民族伟大复兴”而言的新的使命任务，明确了生态文明建设对于“全面建设社会主义现代化国家内在要求”而言的新的时代意义。可以说，“两个明确”相较于党的十八大首次将生态文明建设纳入五位一体中国特色社会主义总体布局，是就生态文明建设在建设社会主义现代化强国、实现中华民族伟大复兴历史愿景中战略地位的再强化、再升华，意义非常重大。

案例四

“人水和谐”的生动实践

——福建莆田木兰溪治理

福建莆田木兰溪发端于戴云山脉，一路从仙游自西北向东汇入兴化湾，每逢夏季遇到台风暴雨，上游河水暴涨，而河道弯曲、断面狭窄的下游入海口受海水涨潮倒灌，两股水流同时发难，低洼地区每年汛期必定被淹。资料显示，木兰溪平均每 10 年发生一次大洪水，每 4 年发生一次中洪水，小灾年年有。1999 年，莆田正式拉开治理木兰溪“千年水患”的序幕。

2003 年，木兰溪裁弯取直工程完成，原来 16 千米行洪河道被裁直为 8.64 千米，裁直比例开全国先河。2011 年，实现两岸防洪堤闭合、洪水归槽，防洪标准一举提高至 50 年一遇，彻底结束了“洪水不设防的历史”。

随着木兰溪治理工程实施，木兰溪下游 399 条内河与木兰溪互联互通，形成 65 平方千米的城市绿心。2016 年，莆田成为福建省首批“全国水生态文明

被人们称为“城市绿肺”的莆田木兰溪支流延寿溪中的荔枝林带

建设试点城市”。2017 年，木兰溪荣获“全国十大最美家乡河”称号。

木兰溪治理，是以“两山论”为精髓的生态文明建设理念的生动实践。根治木兰溪水患，一直是莆田人民的期盼。20 年来，历届莆田市委、市政府持之以恒抓木兰溪治理，迎难而上，积极作为，主动回应人民群众对美好生活的期待，以一系列行之有效的举措变害为利、造福于民，做“活”水的文章，让依水而生的城市因水而兴，交出了一份人民满意的民生答卷，当地群众的安全感、幸福感和获得感也伴随着走向美丽的木兰溪而不断增强，木兰溪为建设美丽中国提供了生动范本。

参考资料：

[1] 刘亢，刘诗平，涂洪长，等.“人水和谐”的生动实践——福建莆田木兰溪治理纪实 [J]. 河北水利，2018（10）：3.

新时代生态文明建设理念的科学内涵

生态文明建设理念是党的十八大以来习近平总书记就生态文明建设和生态环境保护提出的一系列新理念新思想新战略的理论升华，是新时代生态文明建设的根本遵循，是习近平新时代中国特色社会主义思想的重要组成部分。

党的十九大对加强生态文明建设、打好污染防治攻坚战、建设美丽中国作出了全面部署。2018 年 4 月 2 日，习近平总书记主持中央财经委员会第一次会议，研究打好污染防治攻坚战的思路和举措。5 月 18—19 日，党中央、国务院召开全国生态环境保护大会，习近平总书记出席会议并发表重要讲话，对全面加强生态环境保护、坚决打好污染防治攻坚战作出再部署，提出新要求。6 月 16 日，中共中央、国务院印发《关于全面加强生态环境保护坚决打好污染防治攻坚战的意见》。

党的二十大报告再次明确了新时代我国生态文明建设的战略任务，总基调就是推动绿色发展，促进人与自然和谐共生，这为生态文明建设谋定了前进的目标与方向。中国式的现代化是人与自然和谐共生的现代化，到本世纪中叶要把我国建成富强民主文明和谐美丽的社会主义现代化强国，这是东方生态智慧的传承和发展。习近平总书记指出：我们要推进美丽中国建设，坚持山水林田湖草沙一体化保护和系统治理，统筹产业结构调整、污染治理、生态保护、应对气候变化，协同推进降碳、减污、扩绿、增长，推进生态优先、节约集约、绿色低碳发展。这意味着，进入新时代，生态文明建设既是党和人民实现人与自然和谐共生现代化的憧憬和梦想，也是中国共产党从全面推动美丽中国建设出发，所要实现的事关社会生产方式、发展方式、价值理念、制度体系全方位立体化全过程全地域绿色转型的“绿色革命”。

一、新时代生态文明建设理念的核心要义

1. 坚持生态兴则文明兴

建设生态文明是关系中华民族永续发展的根本大计，功在当代、利在千秋，关系人民福祉，关乎民族未来。

2. 坚持人与自然和谐共生

保护自然就是保护人类，建设生态文明就是造福人类。必须尊重自然、顺应自然、保护自然，像保护眼睛一样保护生态环境，像对待生命一样对待生态环境，推动形成人与自然和谐发展现代化建设新格局，还自然以宁静、和谐、美丽。

3. 坚持绿水青山就是金山银山

绿水青山既是自然财富、生态财富，又是社会财富、经济财富。保护生态环境就是保护生产力，改善生态环境就是发展生产力。必须坚持和贯彻绿色发展理念，平衡和处理好发展与保护的关系，推动形成绿色发展方式和生活方式，坚定不移走生产发展、生活富裕、生态良好的文明发展道路。

4. 坚持良好生态环境是最普惠的民生福祉

生态文明建设同每个人息息相关。环境就是民生，青山就是美丽，蓝天也是幸福。必须坚持以人民为中心，重点解决损害群众健康的突出环境问题，提供更多优质生态产品。

5. 坚持山水林田湖草是生命共同体

生态环境是统一的有机整体。必须按照系统工程的思路，构建生态环境治理体系，着力扩大环境容量和生态空间，全方位、全地域、全过程开展生态环境保护。

6. 坚持用最严格制度最严密法治保护生态环境

保护生态环境必须依靠制度、依靠法治。必须构建产权清晰、多元参与、激励约束并重、系统完整的生态文明制度体系，让制度成为刚性约束和不可触碰的高压线。

7. 坚持建设美丽中国全民行动

美丽中国是人民群众共同参与共同建设共同享有的事业。必须加强生态文明宣传教育，牢固树立生态文明价值观念和行为准则，把建设美丽中国化为全民自觉行动。

8. 坚持共谋全球生态文明建设

生态文明建设是构建人类命运共同体的重要内容。必须同舟共济、共同努力，构筑尊崇自然、绿色发展的生态体系，推动全球生态环境治理，建设清洁美丽世界。

作为习近平新时代中国特色社会主义思想的重要组成部分，生态文明建设理念主题鲜明、内涵丰富、逻辑严谨、意蕴深刻，对生态文明建设进行了顶层设计和全面部署，深刻回答了为什么建设生态文明、建设什么样的生态文明、怎样建设生态文明等重大理论和实践问题，是协同推动经济高质量发展和生态环境高水平保护的思想指引和根本遵循，为破解生态建设和环境治理问题贡献了中国智慧，为推动人类现代化进程贡献了中国方案。

二、生态世界观：人与自然和谐共生

（一）文明演进规律：生态兴则文明兴

八大观之深邃历史观

习近平总书记在2018年全国生态环境保护大会上的讲话中强调："生态环境是人类生存和发展的根基，生态环境变化直接影响文明兴衰演替"，深刻揭示了人类文明发展的客观规律及自然生态对人类文明、对中华民族永续发展的极端重要性。

人类文明兴衰存亡与生态环境息息相关。一部人类文明史，就是人与自然关系的发展史。从世界历史看，决定一个民族文明兴衰更替的因素不仅包括政治、经济、文化、社会等因素，还包括生态环境。在某些特定历史阶段，生态环境因素甚至将对一个民族文明的兴衰起决定性的作用。例如，由于风沙侵蚀，盛极一时的丝绸之路已被不断蔓延的塔克拉玛干沙漠湮没，曾经灿烂的古楼兰文明已被埋藏在万顷流沙之下。无论是荒漠化导致古代埃及、古代巴比伦两大文明陨灭，还是工业化导致世界环境污染八大公害事件爆发，无不说明"生态兴则文明兴，生态衰则文明衰"的深刻道理。

只有"生态兴"才能托举"文明兴"。生态文明是人类文明可持续发展的必由之路，只有走绿色发展道路才能持续引领社会进步。生态文明是人类在尊重、保护自然的前提下对曾经征服、掠夺、破坏自然的惨痛教训进行反思的结果，是实现可持续发展的内在要求，其目的是支持和促进人类美好生活的永续发展。

在中华文明的发展史上，建设生态文明是最具时代精神的创举。自古至今，中华民族对人与自然关系的认识逐渐深入，从人与自然关系的对立统一中趋于理性，走向成熟。中华民族向来尊重自然、热爱自然，绵延五千多年的中华文明孕育着丰富的生态文化。我国当前建设的生态文明致力于构建以绿色、美丽为基本理念的美好家园，使中华民族在天蓝、地绿、水清的生态环境中走生态优先、绿色发展新路，为中华民族永续发展留下生态根基。

（二）新时代生态文明方针：节约保护优先，自然恢复为主

党的二十大报告强调，我们坚持可持续发展，坚持节约优先、保护优先、自然恢复为主的方针，像保护眼睛一样保护自然和生态环境，坚定不移走生产发展、生活富裕、生态良好的文明发展道路，实现中华民族永续发展。“节约优先、保护优先、自然恢复为主”的方针充分体现了生态文明建设规律的内在要求，准确反映了我国生态文明建设面临突出矛盾和问题的客观现实，明确指出了推进生态文明建设的着力方向，是我们建设生态文明的重要指导方针。

坚持节约优先、保护优先、自然恢复为主的生态文明方针，就是要在资源上把节约放在首位，在环境上把保护放在首位，在生态上以自然恢复为主。这三个方面有机统一，构成了我国生态文明建设的方向和重点。具体来说，节约优先，就是要着力推进资源节约集约利用，提高资源利用率和生产率，降低单位产出资源消耗，杜绝资源浪费。保护优先，就是要加大环境保护力度，坚持预防为主、综合治理，以解决损害群众健康突出环境问题为重点，强化水、大气、土壤等污染防治，减少污染物排放，防范环境风险，明显改善环境质量。自然恢复为主，就是要加大生态保护和修复力度，保护和建设的重点由事后治理向事前保护转变、由人工建设为主向自然恢复为主转变，从源头上扭转生态恶化趋势。

坚持节约优先、保护优先、自然恢复为主的方针，是由我国面临的资源约束趋紧、环境污染严重、生态系统退化的严峻形势决定的。节约优先是为了促进生产空间集约高效，保护优先是为了生活空间宜居适度，自然恢复为主是为

了生态空间山清水秀。坚持节约优先，有利于破解资源瓶颈、推动节能减排、提升发展质量。坚持保护优先，有利于缓解环境压力、解决环境问题、推动发展转型。坚持自然恢复为主，有利于降低环境保护的成本，提升环境承载力、利用自然恢复力、推进生态文明建设。这三个方面角度不同，目标一致，都是推进绿色发展、循环发展、低碳发展，为了在给子孙后代留下丰富物质财富的同时，也留下天蓝、地绿、水净的美好家园。

（三）新时代生态文明情怀：守护山水，记住乡愁

2013 年 12 月，习近平总书记在中央城镇化工作会议上发出号召："依托现有山水脉络等独特风光，让城市融入大自然，让居民望得见山、看得见水、记得住乡愁。"这是习近平总书记对于中国梦美丽家园的一份期许。

乡愁，是一种植根于故土记忆的家国情怀，不能脱离故乡山水这一载体。"此夜曲中闻折柳，何人不起故园情"，故乡是可以让人们内心安宁的归处。无论身处何处，我们永远难忘儿时嬉戏玩闹的欢乐时光，难忘故乡那片山涧池渠秀、春风花草香的人间乐土。如果有一天，乡愁赖以寄托的绿水青山、林木花草、村落街巷等景观面貌遭受破坏，那么人们的乡愁就会失去源头和承载，人们的故土情怀便会失落湮灭。

守护山水、留住乡愁，既是生态环境保护工作的重要任务，也是推进城乡建设过程中的根本遵循。党的二十大报告在"加快构建新发展格局，着力推动高质量发展"的篇章中提出，"全面推进乡村振兴"，"建设宜居宜业和美乡村"。这些举措旨在让广大农民安土重迁、安居乐业，守护山水，记得住乡愁，留得住根脉，生活更有幸福感。另外，中央城镇化工作会议也提出要提高城镇建设水平。如今，美丽乡村建设在全国各地农村快速推进，村民们的住房条件得到明显改善、基础设施日渐完善、交通服务也更人性化。但是我们也看到，部分地区城镇化发展过程的不规范诱发了一系列环境问题，很多地方绿色的原野正在逐渐消失、清澈的河流变得污浊、古朴的民居被钢筋水泥替代，美丽的原生自然环境受到人为破坏。

为守护山水、留住乡愁，我国城乡建设必须贯彻生态文明建设理念，延续城乡历史文脉。人民对美好生活的向往，就是我们的奋斗目标。在城乡建设中，我们要始终坚持尊重自然、顺应自然、融入自然、天人合一的理念，精心布局、长远谋划、科学发展让人们记得住乡愁、寻得到祖根。

乡愁文化承载的故土情怀生发于每一个人对家乡生态环境的感知和情绪，生态文明正是在此基础上应运而生。生态文明情怀本质上是人们对人与生灵万物的关系，以及人类对保护自然生态环境的使命责任的关怀、感知和思考。这种情怀不仅是中国传统文化中“仁民爱物”和“民胞物与”思想的传承延续，而且是在此基础上升华出的对人与自然共生共融的和谐之美的追求。

当代大学生涵养生态文明情怀对生态文明建设和自身发展均具有深远意义。一方面，当代大学生涵养生态文明情怀是坚定文化自信的体现。另一方面，当代大学生涵养生态文明情怀也是提升自身综合素质的重要途径。当代大学生今后将奔赴各行各业各个岗位，生态文明情怀的涵养让个人的共情能力更强；同时，大学期间涵养的生态文明情怀也将成为大家今后在各自工作中的简单共识。人们关于生态文明情怀的这种共情共识，将对我国经济的可持续发展和人居环境的改善影响深远。

当代大学生可以从行为习惯的改变开始，逐步建立完善生态世界观，涵养生态文明情怀。一是关注生态环境新闻，阅读生态文学作品，做生态文化的传播者；二是关注生态变化，保护生态环境，参加生态保护志愿活动，做生态环境的守护者；三是用生态关怀的眼光，发现生灵生态之美，讲好生态和谐故事，做生态文明的传承者。

诗词鉴赏

苏幕遮·燎沈香

（宋）周邦彦

燎沉香，消溽暑。鸟雀呼晴，侵晓窥檐语。叶上初阳干宿雨，水面清圆，一一风荷举。

故乡遥，何日去？家住吴门，久作长安旅。五月渔郎相忆否？小楫轻舟，梦入芙蓉浦。

赏析：时值盛夏，客居长安的诗人闻窗外鸟雀畅鸣，见池中风荷正举，不禁唤起乡愁。他回忆起自己故乡的荷花渔郎、小楫轻舟，江南水乡的那份恬淡静好涌上心头。游子浓浓的乡愁，寄情于一汪碧水清荷得以抒发。

乡愁是诗词中永恒的主题。虽身在异乡，但天涯游子们往往借景抒情、托物言情，通过自己印象最深刻的故乡景致或风物来表达思乡的情怀。周邦彦的这首词正是以荷为媒，表达对故乡的深切思念。

时光飞逝，世事变迁，天地万物之间唯一能承载我们乡愁的，只有家乡的绿水青山。“浮云游子意，落日故人情”，故乡的山水值得我们世代用心守护下去。

三、生态价值观：绿水青山就是金山银山

可持续发展必须建立在良好的生态环境基础上，绿水青山本身就是金山银

山。这要求我们必须树立正确的生态价值观，决不能以牺牲环境为代价去换取一时的经济增长。

（一）保护改善生态环境就是保护发展生产力

习近平总书记强调：“要正确处理好经济发展同生态环境保护的关系，牢固树立保护生态环境就是保护生产力、改善生态环境就是发展生产力的理念。”这既阐明了生态环境与生产力之间的关系，也表明了生态环境本身具有生产力的属性。

八大观之绿色发展观

生态环境也是一种生产力。生产力通常是指人类利用自然和改造自然的能力。实际上，生产力不仅表现为人类的“能力”，也离不开“自然”。马克思说过：“人同自然界完成了本质的统一，是自然界的真正复活。”马克思主义生产力概念既包括社会经济生产力，也包括自然生态生产力，是人的社会经济生产力和自然界的生态环境生产力的有机统一。

保护改善生态环境就是保护发展生产力。其一，良好的生态环境本身具有发展旅游业、文化产业、生态经济产业的巨大潜力，为发展新型产业奠定物质基础。其二，世界许多国家和地区都在积极调整科技和产业发展战略，加快发展绿色经济、循环经济和低碳技术。科技的进步必将使生态环境得到更好保护，同时也将提高生产力发展水平，使人类早日走上绿色发展之路。

生态环境生产力代表着先进生产力发展的方向。生态环境生产力是人与自然生态和谐共生、共同发展的能力，是惠及广大人民群众的先进生产力。我国已步入生态文明发展阶段，必须发展生态环境生产力。发展生态环境生产力，一方面要高度重视生态环境对生产力发展的影响和作用，保护和利用好生态环境，获得更多的资源和更优的环境，更好地促进生产力的发展；另一方面要在尊重和顺应自然规律的前提下，充分发挥人的主观能动性，利用现代科学技术，对生态系统进行科学的恢复和重建，实现人与自然和谐共生。

（二）良好的生态环境是最普惠的民生福祉

八大观之基本民生观

2013年4月，习近平总书记在海南考察时指出，“良好生态环境是最公平的公共产品，是最普惠的民生福祉”。“环境就是民生，青山就是美丽，蓝天也是幸福”，“发展经济是为了民生，保护生态环境同样也是为了民生”。习近平总书记在众多场合多次强调环境保护在民生事业中不可或缺的地位，充分体现了以习近平同志为核心的党中央的人民情怀。

生态环境是重大的政治、民生问题。中国共产党的根本宗旨是全心全意为人民服务，在中国共产党近百年的历程中，改善民生、造福人民始终是不变的追求。在全国生态环境保护大会上，习近平总书记再次强调，“生态环境是关系党的使命宗旨的重大政治问题，也是关系民生的重大社会问题”。中国共产党历来高度重视生态环境问题，把节约资源和保护环境确立为基本国策，把可持续发展确立为国家战略。归根结底，生态环境问题就是重大的政治问题、民生问题。从过去“盼温饱”到现在“盼环保”，广大人民群众热切期盼加快提高生态环境质量。“民之所好好之，民之所恶恶之”，我们必须积极回应人民群众所想、所盼、所急，既要创造更多的物质财富和精神财富以满足人民日益增长的美好生活需要，也要提供更多优质生态产品以满足人民日益增长的优美生态环境需要。

良好的生态环境是人民健康生存与生活的基础。没有任何可以替代生态环境的公共产品。《习近平谈治国理政》第三卷在“加强生态文明建设必须坚持的原则”“坚决打好污染防治攻坚战”“共谋绿色生活，共建美丽家园”“黄河流域生态保护和高质量发展的主要目标”等专题中都深刻阐述了生态文明建设的重大意义，保护生态环境就是增进民生福祉。党的二十大明确指出：“中国式现代化是人与自然和谐共生的现代化。”在新时代新征程中，中国共产党要“坚定不移走生产发展、生活富裕、生态良好的文明发展道路，实现中华民族永续发展。”永续发展的本质就是资源开发利用既要支撑当代人过上幸福生活，也要为子孙后代留下生存根基。从代际公平上讲，每一代人在满足自身发展和消费需要的同时，都应该自觉承担起责任，兼顾后代发展的需要。习近平总书记关于生态文明的许多重要论述，体现了为子孙后代着想的殷切关怀和历史担当。

保护生态环境，推进生态文明，必须以人民为中心。坚持为了人民群众建设生态文明、依靠人民群众建设生态文明、生态文明建设成果由人民共享、生态文明建设效果由人民评价，让人民生活在天更蓝、山更绿、水更清的优美生态环境之中，让生态环境质量改善的实际成效取信于民、造福于民。

案例五

株洲清水塘：脱胎换骨展新颜

清水塘老工业区曾是全国重要的冶炼化工基地，高峰时期年产值300多亿元，占株洲市工业产值比重的30%以上，并创造160多项全国第一，为新中国工业振兴和湖南省、株洲市的经济社会发展做出了重要贡献。

株洲钢铁公司拆迁前

株洲钢铁公司拆迁后烟囱倒下

由于重化工产业聚集、粗放式发展模式、环保意识缺乏、基础设施老化，清水塘一度成为全国“四大工业污染区”之一，让当地百姓尝尽苦涩。

清水塘老工业区长期沿袭的“高消耗、高排放、高污染”的粗放式发展模式给城市带来了严重污染。据统计，2002 年，老工业区排放工业废气 180 亿立方米、工业废水 5000 万吨，产生工业固体废物 50 万吨，占株洲 2/3。2004 年、2005 年，株洲连续两年被列入“全国十大空气严重污染城市”。

2013 年起，株洲市毅然拿出壮士断腕的勇气，清水塘老工业区搬迁改造攻坚战随之打响。

清水塘老工业区搬迁改造指挥部内的中小企业关停搬迁作战图

在清水塘老工业区搬迁改造指挥部内，有若干幅“中小企业关停搬迁作战图”，记录着企业关停验收、土地收储和转移搬迁的进度。2017 年，株洲200 名干部搬至工厂门口办公，及时协调解决搬迁中的矛盾和困难，确保清水塘核心区 153 家工业企业全部关停退出。1 年时间，147 家企业关停退出，54 家签订收储协议，61 家转移转型。

搬迁改造强力推进以来，清水塘区域环境质量明显提高，湘江株洲段水质由Ⅲ类提升到Ⅱ类，清水塘地区已退出湖南省重金属重点防控区，2017 年株洲市区空气质量优良天数达到 272 天。

“再过十年，清水塘将是一座生态科技新城。”清水塘老工业区完成改造后，将形成科技创新、工业文化旅游休闲、口岸经济、临山居住四大建设板块，最终形成科技园、工业主题园、体验式商业、综合保税区四大核心业态。

整治后的霞湾港

根据规划，10 年后，现在的清水塘老工业区将脱胎换骨，变为现代生态科技新城，成为转型升级、绿色发展的一根标杆。

参考资料：

[1] 何青. 脱胎换骨　株洲清水塘换装又换颜 [EB/OL]. 红网时刻，(2018－4－19) [2020－12－20]. https://baijiahao.baidu.com/s?id=159816046600790741 9&wfr=spider&for=pc.

[2] 聂千川. 绿色发展进行时　株洲清水塘换新颜 [EB/OL]. 红网时刻，(2011－12－25) [2020－12－20]. https://baijiahao.baidu.com/s?id=1587738716771893012&wfr=spider&for=pc.

（三）绿色、开放、共享，超越物质主义

2016 年 1 月，习近平总书记在重庆调研时强调，创新、协调、绿色、开放、共享的发展理念是在深刻总结国内外发展经验教训、分析国内外发展大势的基础上形成的，凝聚着对经济社会发展规律的深入思考，体现了我国的发展思路、发展方向、发展着力点。全党同志要把思想和行动统一到新的发展理念上来，崇尚创新、注重协调、倡导绿色、厚植开放、推进共享，努力提高统筹贯彻新的发展理念能力和水平，确保如期全面建成小康社会、开启社会主义现代化建设新征程。

推动绿色发展。长期的建设发展过程中，我国在环境污染与资源破坏方面积弊颇深，加强大气、水、土壤的污染防治工作迫在眉睫，必须坚持节约资源和保护环境的基本国策，加快建设资源节约型、环境友好型社会，推进绿色低碳循环发展，为我们国家安全和全球的生态安全作出贡献。

推动开放发展。今天的中国已经成为世界第二大经济体，世界第一货物贸易国、世界第一外汇储备国，吸引的外资和对外投资居世界前列。中国和世界经济已经形成了你中有我、我中有你、相互依存、密不可分的格局。必须发展更高层次的开放型经济，并积极参与全球经济和生态环境治理，构建更加广泛的利益共同体。

推动共享发展。近年来，我国在保障和改善民生方面做了大量工作，也取得了明显的成效。但与人民群众的期盼相比，目前我国的公共服务和社会保障体系还不够完善，生态环境还不够好，各地的经济发展水平和生态环境保护水平还不平衡不充分。必须推进共享发展，减少重复建设和资源浪费，缩小各地区之间的发展差距，坚持发展为了人民、发展依靠人民，实现发展成果由人民共享。

超越物质主义主张人们在生产生活中合理利用资源，不过度追求物质资源

的消耗，摒弃过度消费的落后生活方式。物质主义与环保主义是消费领域的一对矛盾观念，这两种截然不同的生活理念将导致对生态环境资源的不同应用态度。生态文明时代下，人们应当超越物质主义，坚持环保主义，以新的价值观念引导健康快乐的生活方式，避免落后的生活消费方式对社会物质资源的巨大浪费或破坏。

第三节 新时代生态文明建设的价值

八大观之科学自然观

一、生态文明建设的理论根基

（一）马克思主义生态思想

马克思主义生态思想具有丰富而深刻的内容。马克思主义思想最早提出了人与自然和社会辩证统一的思想，提出人是自然的有机组成部分，承认人本身来自自然，取之于自然，是自然的有机整体。如恩格斯所言："我们必须时时记住：我们统治自然界，决不像征服者统治异民族一样，决不像站在自然界之外的人一样，——相反地，我们连同我们的肉、血和头脑都是属于自然界，存在于自然界的。"马克思、恩格斯认为，"人靠自然界生活"，人类在同自然的互动中生产、生活、发展，人类善待自然，自然也会馈赠人类，但"如果说人靠科学和创造性天才征服了自然力，那么自然力也对人进行报复"。恩格斯在《自然辩证法》中写道："美索不达米亚、希腊、小亚细亚以及其他各地的居民，为了得到耕地，毁灭了森林，但是他们做梦也想不到，这些地方今天竟因此而成为不毛之地，因为他们使这些地方失去了森林，也就失去了水分的积聚中心和贮藏库。阿尔卑斯山的意大利人，当他们在山南坡把那些在山北坡得到精心保护的枞树林砍光用尽时，没有预料到，这样一来，他们把本地区的高山畜牧业的根基毁掉了；他们更没有预料到，他们这样做，竟使山泉在一年中的大部分时间内枯竭了，同时在雨季又使更加凶猛的洪水倾泻到平原上。”

马克思从异化劳动入手，令人信服地揭示了生态危机主要是由资本主义制度的生产方式造成的原理。人类对自然的征服与改造，既促进了自然的人化，也造成了自然的异化。马克思将他的自然异化思想建立在分析异化劳动的基础上，马克思认为：“异化劳动，由于（1）使自然界同人相异化，（2）使人本身，使他自己的活动机能，使他的生命活动同人相异化，因此，异化劳动也就使类同人相异化；它使人把类生活变成维持个人生活的手段。”异化劳动使得自然界与人本身产生异化，它不仅扭曲了人的本质，更扭曲了人与自然的关系。自然的异化是资本主义生态危机的本质，因为在以追逐利润为唯一价值取向的资本主义制度下，人类将自然与自身对立起来，割裂了人与自然的关系，将自然仅仅作为纯粹的物质条件与征服和统治的对象。

马克思主义认为共产主义社会就是一个生态文明高度成熟的社会：在共产主义社会，“社会化的人，联合起来的生产者，将合理地调节他们和自然之间的物质变换，把它置于他们的共同控制之下，而不让它作为一种盲目的力量来统治自己；靠消耗最小的力量，在最无愧于和最适合于他们的人类本性的条件下来进行这种物质变换”。因此恩格斯指出，“需要对我们的直到目前为止的生产方式，以及同这种生产方式一起对我们的现今的整个社会制度实行完全的变革”。恩格斯所说的变革正是变革资本主义制度，实行社会主义制度，直到实现共产主义。

（二）中国传统生态文化

中华民族向来尊重自然、热爱自然，绵延5000多年的中华文明孕育着丰富的生态文化。

《易经》中说："观乎天文，以察时变；观乎人文，以化成天下""财（裁）成天地之道，辅相天地之宜"。《道德经》中说："人法地，地法天，天法道，道法自然。"《孟子》中说："不违农时，谷不可胜食也；数罟不入洿池，鱼鳖不可胜食也；斧斤以时入山林，材木不可胜用也。"《荀子》中说："草木荣华滋硕之时，则斧斤不入山林，不夭其生，不绝其长也。"《齐民要术》中有"顺天时，量地利，则用力少而成功多"的记述。这些观念都强调要把天地人统一起来、把自然生态同人类文明联系起来，按照大自然规律活动，取之有时，用之有度，表达了我们的先人对处理人与自然关系的深刻认识。

我国古代很早就把关于自然生态的观念上升为国家管理制度，专门设立掌管山林川泽的机构，制定政策法令，即虞衡制度。《周礼》记载，设立"山虞掌山林之政令，物为之厉而为之守禁"，"林衡掌巡林麓之禁令，而平其守"。秦汉时期，虞衡制度分为林官、湖官、陂官、苑官、畴官等。虞衡制度一直延续到清代。我国不少朝代都有保护自然的律令并对违令者重惩，比如，周文王颁布的《伐崇令》规定："毋坏室，毋填井，毋伐树木，毋动六畜。有不如令者，死无赦。"古代的虞衡既管环境又管生产，把保护和开发结合起来，这对今天生态环境保护工作具有非常重要的指导意义。

（三）环境伦理与环境伦理学

环境伦理亦称"环境道德""生态道德"，指人类为了保护自然生态环境、自觉调整人与自然的关系而形成的道德意识、道德规范及其实践的总和。基本要求是以人类特有的道德实践精神协调人与自然的关系，尊重自然界的权利和内在价值，尊重地球上生命形式的多样性，爱护各种动物和植物，保护自然环境，合理利用自然资源，维护地球生态系统的平衡，促进人类社会与自然环境的协调和可持续发展，实现人与自然和谐共生。实践环境伦理，人类必须转变对大自然的态度，由大自然的征服者，转变成为自然生态系统的道德守护者。

环境伦理学亦称“生态伦理学”，是研究人与自然的道德关系的学科，是伦理学与环境科学相结合的交叉学科。力图通过反思人类实践行为的负效应，确立起人类实践行为的伦理原则及其规范，从而建立一种全新的、人与自然和谐相处的环境伦理关系，促进人类实现可持续发展。流派很多，还不很成熟，地球有限主义、自然生存权的确认和世代交替的伦理是环境伦理学赖以确立的三大原则。通过人类与自然伦理关系的研究，发现了环境危机的深层次根源是人类伦理道德的危机。

环境伦理学研究的目的是要用人类持有的道德自觉、精神协调、人与自然关系，以及人与自然关系背后的人与人之间的利益关系，保护自然环境，维护地球生态系统地动态平衡，协调人类与环境的关系，保障经济社会的可持续发展。研究的主要内容包括自然界的价值与权利、当代人对未来世代人在环境保护上的责任、保护生态环境的一般道德原则和具体行为规范、环境道德的评价标准、环境问题上的国际公平等。

二、新时代生态文明建设的理论贡献

生态文明建设理念是马克思主义中国化的新发展，是中国特色社会主义新的理论成果和实践亮点。彰显了以习近平同志为核心的党中央对生态环境保护的关注，并从历史中总结经验教训，深刻地思考人与自然之间的关系，开创性地研究经济发展与生态环保之间的关系形成的最新理论成果。

（一）丰富发展了马克思主义生态思想的内涵

资本主义的生产方式以人对自然的控制、占有、支配为前提，这种人类中心主义的思想导致了人与自然之间的矛盾频发，自然环境不断恶化。马克思主义在对人与自然本质关系的历史考量中，对资本主义的生产方式进行了批判，提出了马克思主义的自然观和发展观。

在马克思主义自然观的基础上，生态文明建设理念提出了人与自然是生命共同体，强调人与自然和谐共生，着力实现人与自然、发展与保护的有机统一。提出山水林田湖草是一个生命共同体的思想，对山水林田湖草统筹系统治理的观念，说到底就是用什么样的思想方法对待自然、用什么样的方式保护修复自然的问题，这个思想丰富和发展了马克思主义的自然观和系统治理思想。

马克思主义生态观与我国生态文明的内涵和特征有着天然的一致性，其人与自然关系的哲学范式和辩证关系为解决我国人口、资源、环境问题和推进生态文明建设提供哲学智慧，为我国生态文明建设提供理论指导。生态文明建设理念丰富和发展了马克思主义生产力理论，并在实践中创造性地提出了“绿水青山就是金山银山”的重要发展理念，突破了关于自然资源的传统认识。保护生态环境就是保护生产力，改善生态环境就是发展生产力，“两山论”深刻揭示了环境经济学理论内涵，科学阐述了经济发展和环境保护的关系，使人口、资源、环境协调发展，既是对我国环境与经济发展关系状况及规律的深刻揭示，也是处理好环境与经济融合发展的指导原则，极大地拓展并丰富了马克思主义生产力的内涵和范围。

生态文明建设理念是对人与自然关系的认识，是马克思主义辩证唯物的自然观与社会历史观的统一，结合时代的发展，创造性地丰富和拓展了马克思主义的自然观和发展观，是正确处理人与自然、经济发展与环境保护的方向指引，推动形成了人与自然和谐发展现代化建设新格局，实现了马克思主义自然观的又一次历史性飞跃，是马克思主义中国化的重要成果。

（二）弘扬了中华民族生态智慧的时代价值

中华文明生生不息，包含了丰富的生态智慧，为生态文明建设理念奠定了历史文化基础。在传承先贤思想之大成的基础上，又融合当前时代发展的需求，习近平总书记提出“生态兴则文明兴，生态衰则文明衰”的文明定理，明确了生态环境变化直接影响文明的兴衰交替，是对中华文明中朴素生态智慧的弘扬和发展。

在物质文明和技术水平高度发达的当今时代，生态文明建设理念强调尊重自然、顺应自然、保护自然，在更高层次上实现人与自然、环境与经济、人与社会的和谐共生，这比生产力低下的古代朴素的生态智慧更具有时代意义，是推动中华文明创新发展的动力之源。生态文明建设理念根植于生生不息的中华文明，充分吸纳中华民族传统文化的精髓，并在时代发展中得到升华，在发展中焕发出时代价值。

（三）拓展了可持续发展理念

随着我国经济的快速发展，污染物排放总量的不断增加，我国在面对环境保护与经济发展的问题上，明确提出了转变传统发展模式，走可持续发展道路。面对日益严峻的环境污染和生态破坏问题，习近平总书记吸收了中国特色社会主义建设关于处理经济发展与环境保护之间关系的以往经验，突破固有的发展思维模式，积极探究根本性、长远性和系统性的解决方案，将生态文明建设提升到一个崭新的高度。生态文明建设理念把生态环境保护作为功在当代、利在千秋的事业开展，坚决摒弃损害生态环境的经济发展模式，坚决阻止以牺牲生态环境换取一时一地经济增长的做法，深化了对可持续发展理念的探索和认识。

在全球范围内，从《人类环境宣言》《我们共同的未来》，到《二十一世纪行动议程》，再到《2030 年可持续发展议程》，人类对于自身与自然关系、发展与保护关系不断进行深入的反思，在探索的过程中提出了可持续发展战略，这是人类社会在探索和发展过程中的重要成果。绿色经济、低碳生活、绿色发展、低碳技术、保护生态环境已经日益成为国际社会的共识。中国作为负责的发展中大国，积极参与生态环境保护和治理的国际合作，开创性地提出了“人类命运共同体”的理念，倡议建立“一带一路”绿色发展国际联盟等得到了国际社会的普遍认同和积极支持。习近平总书记结合我国国情，总结了国际社会关于可持续发展的实践经验，将“四位一体”上升为“五位一体”，强调了生态文明建设在国家战略中的重要地位，进一步拓展了可持续发展的相关理论。生态文明作为可持续发展战略的中国方案和理念，正逐渐形成国际影响力，为全球的可持续发展贡献中国的理念、中国的智慧和中国的方案。这是对世界可持续发展理论和进程的重要贡献，为发展中国家避免走传统的“先污染后治理”的发展路径，更健康地走向现代化提供了可以借鉴的道路和经验。

三、新时代生态文明建设的现实意义

生态文明建设理念不但具有科学的理论根据、深厚的历史渊源、坚实的时代依据，同时也是经过实践检验、获得普遍认可的思想，在实践操作过程中也发挥着重大的作用。

（一）将生态文明融入中国特色社会主义事业全过程

党的十八大明确提出将生态文明建设纳入中国特色社会主义事业总体布局，凸显其重要地位，将其融入经济建设、政治建设、文化建设和社会建设的各个方面。从“四位一体”上升为“五位一体”，是国家战略发展层面的重大创新，其符合最广大人民的利益，得到全社会的认同和拥护。

党的十八大以来，生态文明建设作为中华民族永续发展的千年大计，先后被写入了党章、宪法中，上升为党的主张和国家意志。生态文明建设理念，对建设美丽中国、全面建成小康社会，实现中华民族伟大复兴的中国梦，具有十分重要的现实意义。

（二）积极推进生态环境治理体系和治理能力现代化

习近平总书记坚持用最严格的制度、最严密的法治来保护生态环境，多次主持召开中央全面深化改革领导小组会议，审议通过了《生态文明体制改革总体方案》以及四十多项生态文明建设和生态环境保护方面的改革方案。

党的十八大以来，在生态文明建设理念的指引下，落实生态环境领域相关改革举措，构建源头预防、过程严管、损害赔偿、责任追究的生态环境保护体系；构建党委领导、政府主导、企业主体、社会组织和公众共同参与的现代环境治理体系；构建以排污许可制度为核心的固定污染源监管制度体系，落实生态环境损害赔偿制度。推进生态环境法律制度修订，建立有效约束开发行为和促进绿色循环低碳发展的生态环境保护综合行政执法体制，强化生态环境行政执法与刑事司法衔接，发挥制度和法治的引导、规制等功能，严厉打击群众反映强烈的生态环境违法犯罪行为。推进现代感知手段和大数据运用，加强生态环境监测、执法、应急等能力建设，不断提高生态环境监管水平。通过以上各项制度体系的构建，规范各类开发、利用、保护活动，坚决制止和惩处破坏生态环境的行为，让保护者受益、让损害者受罚、让恶意排污者付出沉重代价。

（三）新时代生态文明建设取得显著成效

党的十八大以来，在生态文明建设理念的指导下，把生态文明建设融入政治建设、经济建设、文化建设、社会建设各方面和全过程，成效显著。

生态文明融入政治建设。党的十八大以来，各级党委和政府绿色执政能力显著增强，牢固树立“四个意识”，统筹推进“五位一体”总体布局，将生态文明建设放在更加突出位置，破除将经济发展与环境保护对立的思维，不断深化生态环境保护体制改革，政策制度、法律法规体系不断构建完善，督察执法力度逐步加大，全面依法治国取得重大进展，国家治理体系和治理能力现代化加快推进，中国共产党领导和我国社会主义制度优势进一步彰显。

生态文明融入经济建设。“十三五”时期，经济实力、科技实力、综合国力跃上新的大台阶，经济运行总体平稳，经济结构持续优化，到2020年国内生产总值达101.36亿元；脱贫攻坚成果举世瞩目，5575万农村贫困人口实现脱贫；粮食年产量达13390亿斤，连续五年稳定在1.3万亿斤以上；污染防治力度加大，生态环境明显改善。生态文明要求运用生态文明的理念，对“高能耗、高污染、高排放”的工业化模式进行生态化改造，协同推进经济高质量发展和生态环境高水平保护。

生态文明融入文化建设。习近平总书记强调“生态兴则文明兴”，提倡人与自然和谐共生，并从中华传统文化中汲取营养，使得中华民族优秀思想中所蕴含的生态文明思想和智慧得以传承和升华。“十三五”时期，高等教育进入普及化阶段，文化事业和文化产业繁荣发展，通过各种形式的宣传教育以及组织中国生态文明奖、绿色年度人物评选与表彰等活动的开展，让越来越多的人认识到生态环境保护的重要性，让越来越多的人意识到只有开展生态环境保护才能符合自身长远利益，从而愿意参与到生态文明建设中来。生态文明对提高国民素养的影响日益显现，全面建成小康社会胜利在望，中华民族伟大复兴向前迈出了新的一大步。

生态文明融入社会建设。习近平总书记多次强调，坚持良好生态环境是最普惠的民生福祉，生态文明是人民群众共同参与共同建设共同享有的事业。随着人民生活水平显著提高，人民对美好生活向往的愿望越来越强烈，政府、企业、公众共同发力，开展污染防治攻坚战，解决人民群众关注的生态环境问题，生态环境质量从而得到持续改善，为构建和谐社会，全面建成小康社会奠定了较好的基础。

拓展阅读

中共中央　国务院出台方案
为生态文明领域改革作出顶层设计

中共中央、国务院近日印发《生态文明体制改革总体方案》，阐明了我国生态文明体制改革的指导思想、理念、原则、目标、实施保障等重要内容，提出要加快建立系统完整的生态文明制度体系，为我国生态文明领域改革作出了顶层设计。

方案分为十个部分，共56条，明确生态文明体制改革的指导思想是，坚持节约资源和保护环境基本国策，坚持节约优先、保护优先、自然恢复为主方针，立足我国社会主义初级阶段的基本国情和新的阶段性特征，以建设美丽中国为目标，以正确处理人与自然关系为核心，以解决生态环境领域突出问题为导向，保障国家生态安全，改善环境质量，提高资源利用效率，推动形成人与自然和谐发展的现代化建设新格局。

方案指出，生态文明体制改革的原则是，坚持正确改革方向，坚持自然资源资产的公有性质，坚持城乡环境治理体系统一，坚持激励和约束并举，坚持主动作为和国际合作相结合，坚持鼓励试点先行和整体协调推进相结合。

方案设定了我国生态文明体制改革的目标，即到2020年，构建起由自然资源资产产权制度、国土空间开发保护制度、空间规划体系、资源总量管理和全面节约制度、资源有偿使用和生态补偿制度、环境治理体系、环境治理和生态保护市场体系、生态文明绩效评价考核和责任追究制度等八项制度构成的产权清晰、多元参与、激励约束并重、系统完整的生态文明制度体系，推进生态文明领域国家治理体系和治理能力现代化，努力走向社会主义生态文明新时代。

方案提出，完善生态补偿机制，推动在广西广东九洲江、福建广东汀江—韩江等开展跨地区生态补偿试点。建立污染防治区域联动机制，完善京津冀、长三角、珠三角等重点区域大气污染防治联防联控协作机制。

参考资料：

［1］新华社. 中共中央国务院出台方案为生态文明领域改革作出顶层设计［EB/OL］. 网易新闻，（2015－9－22）［2020－12－20］. https：//www. 163. com/news/article/B43HQ31K00014AED. html.

湖南做法

刮骨疗毒，呵护“长江之肾”

湖南是长江中游的重要省份，拥有163千米的长江岸线，还有被称为“长江之肾”的洞庭湖。全省境内江河密布，湘、资、沅、澧四水经洞庭湖而汇入长江。作为“长江之肾”，洞庭湖关系湖区千万人民的生产生活，牵连整个长江生态系统的平衡。

然而，在单一追求量的增长的粗放发展方式下，工业污染物、农业污染物、生活污染物持续不断注入洞庭湖。与此同时，“挖砂吸金”“抽水种树”“圈湖为王”等资源掠夺手段层出不穷，洞庭湖的生态环境曾遭到严重破坏。

1. 治理非法采砂

高峰时，洞庭湖里最多的就是挖砂船、运砂船，岸上最多的是洗砂场、堆砂场，运载货物最多的就是砂石料，洞庭沙洲被蚕食殆尽，水体遭受污染，江豚无处栖息。2017年8月，湖南省水利厅下发《全面禁止在自然保护区范围内进行河道采砂活动》的通知，狠刹洞庭湖上滥采乱挖湖砂风。此后，根据《洞庭湖生态环境专项整治三年行动计划（2018—2020年）》，全面禁止洞庭湖自然保护区等水域采砂，实施24小时严格监管，巩固禁采成果。

2. 清理抽水种树

为造纸而大规模栽种的欧美黑杨，对洞庭湖生物多样性保护和湿地生态系统安全造成了严重破坏。2017年12月6日，湖南提前完成中央环保督察要求彻底清理洞庭湖核心区欧美黑杨的任务，严重破坏生态环境的8万多亩欧美黑杨全部清理完毕。

3. 拆除非法矮围

洞庭湖中下塞湖非法矮围侵占洞庭湖长达17年，一道高高垒砌的堤坝似“水中长城”，围出一片面积近3万亩的私人湖泊，严重影响湿地生态及湖区行洪。2018年6月，数百台挖土机连续作战，洞庭湖内最大的私人矮围在短短十余天内被一举摧毁。湖南一鼓作气，至当年年底，将洞庭湖中472处非法矮围网围拆除完毕，这意味着124.46万亩被矮围网围圈住的湖面重归自由。

6月15日拍摄的沅江市南洞庭湖下塞湖矮围集中拆除专项整治行动施工现场

4. 关停污染企业

在改善生态的同时，湖南下大力气减少对洞庭湖的污染。造纸，一直是洞庭湖区的支柱产业，也是污染大户。湖南痛下决心，2018年洞庭湖区全部制浆产能和落后造纸产能退出，2019年造纸产能全面退出。

山绿了，水清了，候鸟回来了。目前，洞庭湖Ⅴ类水质断面由2015年的8个降至0个；候鸟由10年前的200多种增加到300多种。

刮骨疗毒之后，“长江之肾”重获新生。

参考资料：

[1] 龙军. 湖南：为子孙后代留下一江碧水 [N]. 光明日报，2020－10－6（01）.

[2] 史卫燕，丁春雨. 洞庭湖 3 万亩“私家湖泊”事件续：当地拆除矮围 7200 米当事人被刑拘合同将解除 [EB/OL]. 新华社百家号，（2018－6－16）[20201220]. http://www.xinhuanet.com/photo/2018－06/16/c_129895437_2.htm.

绿色行动

思考题：你如何理解并践行“人与自然和谐共生的理念”？

资源推荐

1. 张云飞，李娜. 开创社会主义生态文明新时代 [M]. 北京：中国人民大学出版社，2017.

2. 范恒山，陶良虎. 美丽中国：生态文明建设的理论与实践 [M]. 北京：人民出版社，2014.

3. 马克·戈登，罗兰·艾默里奇. 后天 [EB/OL]. 20 世纪福克斯公司，（2004－5－28） [2020－12－20]. https://www.ixigua.com/6819180299310596621?utm_source=baidu_lvideo.

4. 杨冠政. 环境伦理学概论 [M]. 北京：清华大学出版社，2013.

第三章

群策群治五洲安

——怎么样建设生态文明

生态文明建设是关系党的使命宗旨的重大政治问题，也是关系民生的重大社会问题。多年以来，我们党一直坚持在保护生态环境中增进民生福祉。特别是党的十八大、十九大、二十大以来，习近平总书记围绕生态文明建设提出一系列新理念新思想新战略，把生态文明建设作为践行党的使命宗旨的政治责任。

建设好生态文明需要举国同心、群策群力、联防联控、党政主导、全民行动。这首先要求我们党把生态文明建设同党的执政理念、历史责任紧紧联系在一起，从战略和全局高度看待和做好生态环保工作，不断深入推进生态文明体制机制改革；其次要坚持政府主导下的全民行动，广泛有序地开展生态环境保护工作和美丽中国建设；还要坚持统筹兼顾、整体施策、科学高效的生态环境治理方法；最后要站在人类生态命运共同体的高度持续思考探索，开展环境外交合作，展现大国担当，推进生态文明建设进入更大格局、更高层次。

党的领导　政治责任

一、坚决扛起新时代生态文明建设的政治责任

坚决扛起生态文明建设的政治责任，加强党委对生态文明工作的领导，切实以生态文明理念贯穿经济社会发展全过程，做好推动生态文明建设的坚强保障。要深刻领会生态文明建设理念的精神实质和丰富内涵，牢固树立绿色发展理念，自觉把经济社会发展同生态文明建设统筹起来，坚决完成好污染防治攻坚战和生态文明建设各项目标任务。

坚决扛起生态文明建设的政治责任，要增强“四个意识”，切实把政治责任体现在狠抓落实上，把担当精神体现到实际工作中。面对“生态文明建设正处于压力叠加、负重前行的关键期，已进入提供更多优质生态产品以满足人民日益增长的优美生态环境需要的攻坚期，也到了有条件有能力解决生态环境突出问题的窗口期”这个关口，坚决抓好“生态优先、绿色发展”这一战略任务，坚决锁定“建设绿水青山美丽中国”这一战略目标，坚决抓实“打好污染防治攻坚战”这一当务之急。

坚决扛起生态文明建设的政治责任，重点要抓住“关键少数”，将各级党政一把手作为辖区生态文明建设的第一责任人。各级党政领导干部要做到重要工作亲自部署、重大问题亲自过问、重要环节亲自协调、重要案件亲自督办，按照“一岗双责”要求履行好生态文明建设职责。各相关部门要履行好生态环境保护职责，分工协作、共同发力，调动社会各界力量参与到生态文明建设中来，汇聚起生态文明建设的强大合力。

生态文明建设功在当代、利在千秋。各级党员干部要切实担负起加强生态文明建设的政治责任，以实际行动兑现对人民的承诺，创造出无愧于时代、无愧于人民、无愧于历史的业绩。

二、加强政府对新时代生态文明建设的主导作用

各级党委和政府在生态文明建设中起主导作用，应当强化对生态文明建设和生态环境保护的总体设计和组织领导，统筹协调处理重大问题，指导、推动、督促各地区各部门落实党中央、国务院重大政策措施。

一是要落实党政主体责任。落实领导干部生态文明建设责任制，严格实行党政同责、一岗双责。地方各级党委和政府对本行政区域的生态环境保护工作及生态环境质量负总责，主要负责人至少每季度研究一次生态环境保护工作，其他有关领导成员在职责范围内承担相应责任。各地要制定责任清单，把任务分解落实到有关部门。抓紧出台中央和国家机关相关部门生态环境保护责任清单。各相关部门要履行好生态环境保护职责，制定生态环境保护年度工作计划和措施，各地区各部门落实情况每年分阶段逐级上报。

二是要健全环境保护督察机制。完善中央和省级环境保护督察体系，制定环境保护督察工作规定，以解决突出生态环境问题、改善生态环境质量、推动高质量发展为重点，夯实生态文明建设和生态环境保护政治责任，推动环境保护督察向纵深发展。完善督查、交办、巡查、约谈、专项督察机制，开展重点区域、重点领域、重点行业专项督察。

案例一

西洞庭湖欧美黑杨全部“卧倒”

——常德市提前40余天完成清理任务，共计5.08万亩

深秋时节，西洞庭湖中尾洲上，曾经挺立的一棵棵欧美黑杨已经全部倒下。2017年11月21日从常德市环保局了解到，截至11月19日，常德汉寿县西洞庭湖湿地保护区核心区5万余亩欧美黑杨已全部清理完毕，提前40余天完成任务。

为发展湖区经济，西洞庭湖曾大面积种植造纸经济林欧美黑杨。作为一种外来植物，欧美黑杨会破坏鱼类繁育场和鸟类栖息地，严重影响洞庭湖生态系统。中央环保督察组反馈我省意见中要求，今年12月底前，西洞庭湖湿地保护区核心区所有欧美黑杨彻底清理。经GPS核定，常德市西洞庭湖核心区黑杨面积为5.08万亩。

据了解，核心区杨树林涉及经营权属单位8个、洲滩18个、业主42户，承包合同的债、权、利关系复杂，且核心区30%的杨树为幼林和中幼林，清除损失较大。清除欧美黑杨一度成为常德市环保督察整改的棘手问题。

对此，常德市高度重视，市领导成立工作组，赴现场督办；成立高规格的指挥部，挂图作战，14个专业作业队分片作业。坚持以人为本，汉寿县财政整合资金7000多万元，采取“以奖代补”方式，按照公平公正、科学合理、真实准确的原则，给予黑杨种植业主适当补偿，尽最大努力减少业主经济损失。严明法纪，对在生态环保工作中失职失责的人员严格问责，如汉寿县共约谈9人、停职检查6人、立案审查5人、行政拘留3人，达到“处理一个、震慑一片”的效果。

11月10日，该市吹响“奋战半个月，打赢欧美黑杨清理攻坚战”的冲锋

2017 年 11 月 27 日，湖南沅江市的南洞庭湖自然保护区核心区内，货船将清理掉的欧美黑杨运输出保护区

号。至 19 日，核心区的黑杨已清理完毕。

参考资料：

[1] 曹娴，黄道兵. 西洞庭湖欧美黑杨全部“卧倒”常德市提前 40 余天完成清理任务 [EB/OL]. 红网湖南频道，（2017－11－22） [20201220]. https：//hn. rednet. cn/c/2017/11/22/4481346. htm.

[2] 李尕. 湖南全面清理洞庭湖“抽水机”欧美黑杨 [EB/OL]. 新华社，（2017－11－28） [20201220]. http：//www. xinhuanet. com//photo/2017－11/28/c _ 1122023454 _ 7. htm.

实践证明，生态文明建设工作开展得较好的地区，都是政府主导作用发挥得较好的地区。地方党委把生态文明建设列为基本工作职责，不仅是坚持以人民为中心、不断改善群众生活质量的内在要求，更是落实党中央、国务院决策部署，以最低成本、最快速度见成效的重要选择。

三、完善生态环境责任考核评价与问责机制

八大观之严密法治观

落实生态文明建设的政治责任，要严格压实对生态文明建设的考核问责。要健全符合生态文明建设要求的干部考核目标体系、考核办法、激励机制，引导广大党员干部树立爱护生态环境的正确政绩观。我国现已从党内法规和行政法规两个层面切实强化督查问责，坚持实施最严格的考核问责，对生态环境保护工作不力、履职缺位，搞口号环保、数字环保的敢追责、真追责、严追责。

一是党内法规层面严格压实对生态文明建设的考核问责。2019 年 9 月修订的《中国共产党问责条例》明确：在贯彻新发展理念，推进经济建设、政治建设、文化建设、社会建设、生态文明建设中，出现重大偏差和失误，给党的事业和人民利益造成严重损失，产生恶劣影响的，应当对党的领导干部予以问责。

二是行政法规层面严格压实对生态文明建设的考核问责。《中共中央　国务院关于全面加强生态环境保护　坚决打好污染防治攻坚战的意见》进一步明确党政干部在生态文明建设中工作不力的将严格考核问责。具体规定如下："强化考核问责。制定对省（自治区、直辖市）党委、人大、政府以及中央和国家机关有关部门污染防治攻坚战成效考核办法，对生态环境保护立法执法情况、年度工作目标任务完成情况、生态环境质量状况、资金投入使用情况、公众满意程度等相关方面开展考核。各地参照制定考核实施细则。开展领导干部自然资源资产离任审计。考核结果作为领导班子和领导干部综合考核评价、奖惩任免的重要依据。""严格责任追究。对省（自治区、直辖市）党委和政府以及负有生态环境保护责任的中央和国家机关有关部门贯彻落实党中央、国务院决策部署不坚决不彻底、生态文明建设和生态环境保护责任制执行不到位、污染防治攻坚任务完成严重滞后、区域生态环境问题突出的，约谈主要负责人，

同时责成其向党中央、国务院作出深刻检查。对年度目标任务未完成、考核不合格的市、县，党政主要负责人和相关领导班子成员不得评优评先。对在生态环境方面造成严重破坏负有责任的干部，不得提拔使用或者转任重要职务。对不顾生态环境盲目决策、违法违规审批开发利用规划和建设项目的，对造成生态环境质量恶化、生态严重破坏的，对生态环境事件多发高发、应对不力、群众反映强烈的，对生态环境保护责任没有落实、推诿扯皮、没有完成工作任务的，依纪依法严格问责、终身追责。”

地方各级党政干部管发展必须管环保，管生产必须管环保，管行业必须管环保。各地要不折不扣落实党中央关于打好污染防治攻坚战的各项决策部署，做到重要工作亲自部署、重大问题亲自过问、重要环节亲自协调、重要案件亲自督办。只有健全考核机制，强化督察问责，形成齐抓共管合力，以壮士断腕的决心、背水一战的勇气、攻城拔寨的拼劲，坚决打好污染防治攻坚战，才能为全国生态文明建设贡献力量。

第二节 生态治理主体论：美丽中国，全民行动

八大观之全民行动观

一、企业责任：发展生态经济产业

推进生态文明建设落实到生产方式上，就是要实现农业、工业、服务业三个产业的生态化转型。企业要为建设以资源环境承载力为基础、以自然规律为准则、以可持续发展为目标的资源节约型、环境友好型社会作出贡献。因此，企业应当走资源节约型、环境友好型、集约效益型发展道路，发展生态经济产业，实现企业的经济效益、社会效益和生态效益的协调和统一，担负起生态文明建设的责任。

生态经济产业是按照绿色、循环、低碳发展要求，利用先进生态技术，培育发展资源利用高、能耗排放少、生态效益好的战略新兴产业，改造传统产业，淘汰落后产能，促进绿色发展。其实质是在不同产业、企业之间建立循环经济生态链，减少废弃物排放，降低能耗水耗，防止污染破坏，提高产业经济发展质量和效益，实现健康可持续发展。生态经济产业是生态经济体系的基石，生态经济体系是生态文明建设的物质基础。习近平总书记指出，要加快建立健全“以产业生态化和生态产业化为主体的生态经济体系”。只有坚持正确的产业发展理念和发展方式，才能实现百姓富和生态美的有机统一。

生态文明建设过程中，企业有义务承担和解决那些由它们自身引起的生态环境问题，有责任推动生态经济产业的建立并创造提供更多优质的生态产品。一方面，企业应强化绿色生产的理念，着眼于人们对绿色产品需求的增长，不断提升产品的生态内涵，推动产业实现生态化改造，在生产的各个环节尽可能地减少资源浪费和环境破坏；另一方面，企业应强化绿色消费理念，在原材料使用等消费“源头”严把绿色关，建强绿色消费的首要保障；同时，企业还应注重同政府、同行和消费者等一起合作，为共同建立一个和谐的绿色消费环境而努力。

国家可以通过建立工业生态示范园区，将生产某一产品产生的污染物作为另一产品的原料循环利用，在企业之间形成生态经济型工业产业链，实现资源利用最大化，促进企业经济发展与生态环境保护的“双赢”。

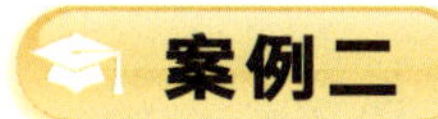

锚定生态产业链 推进城乡经济兴

一、永州市西湾村乡村振兴工作纪实

西湾村地处永州市宁远县九嶷山瑶族乡，背靠舜帝陵，由西湾、肴子门、白术冲、老西湾四个村合并而成。村域范围在九嶷山国家森林公园内，村庄规划建设、耕地林地利用等都有诸多限制，加之山多地少，如何兼顾生态保护和产业发展是长期以来困扰西湾村的难题。

2021 年，湖南省生态环境厅驻村工作队来到西湾村开展乡村振兴帮扶工作。当时的西湾村正面临农业产业发展滞后、村集体经济薄弱、农村人居环境

（西湾村鸟瞰图）

亟待提升等诸多问题。工作队秉持“绿水青山就是金山银山”发展理念，积极探索破题思路，编制了西湾村“2＋3”五年帮扶规划，围绕富民强村做文章，按照“三产融合、三型并举”思路，培育壮大产业发展型、资产盘活型和村庄经营型三大类型集体经济，努力实现生态保护与经济发展的良性循环。

（九嶷山兔文化产业园建设图）

“生态＋文化”，打造乡村旅游新亮点。村内有一处关停并废弃多年的采石场，占地约 100 亩，西湾村借宁远县发展九嶷山兔产业的机会，引入县农业龙头企业在采石场原址建设九嶷山兔文化产业园。项目一期投资 800 万元，依托九嶷山片区旅游开发，将建成养殖体验区、研学科普区和休闲拓展区等多功能文化基地，并与中青旅签订引流合作协议，实现生态修复的同时促进农旅融合发展。村集体以矿山土地入股，项目开园后每年享受稳定租金收入和股本分红10万元。

“生态＋农业”，食用菌变成了“致富伞”。西湾村森林覆盖率高达90%，后山每年都会生长野生羊肚菌，在工作队和省微研院的指导下，西湾村建起了湖南省第一个亩产百斤的林下栽培羊肚菌示范基地。基地规划规模20亩，每亩产值可破万元，并对接长沙市餐饮协会，与一批连锁餐饮店签订了意向收购协议。村民们高兴地说，羊肚菌让祖祖辈辈守护的九嶷山成了村民们的“金银山”。

（林下羊肚菌基地种植和收获图）

“生态＋产业”，香莲飞进了大湾区。西湾村从2017年起在乡政府的统一规划指导下发展九嶷香莲产业。前期主要为产销白莲等初级农产品，产品附加值较低。为助推产业转型升级，工作队争取了乡村振兴衔接资金100余万元，购置生产加工设备，新建1000平方米的SC认证标准化产房，开发了荷叶茶、莲心茶、香莲酒等产品，构建香莲产品全产业链。目前，九嶷香莲已成功纳入粤港澳大湾区“菜篮子”工程，市场供不应求。西湾村在建成九嶷山兔、羊肚菌和香莲“一动两静”产业后，年产值预计突破100万元，村集体经济将增收20万元以上。

创新经营模式，培育经营型集体经济。西湾村充分利用作为九嶷山风景名胜区入口门户优势，在村口新建九嶷驿站购物中心销售特色农副产品，并通过电商直播带货，提升农旅资源的经济转化能力。同时计划在对村口民房进行风貌改造后，通过村民“以房入股”模式开发特色民宿，打造田园综合体经济，全面满足游客“观、尝、娱、购、住”多层次的需求。

（西湾村农庄一角）

（九嶷驿站效果图）

接下来，西湾村将以‘三产融合’为发展方向，最大程度拓展农村经济发展空间，为西湾村的可持续发展打下坚实基础。

二、雨花经开区绿色工业园区建设纪实

2020 年，雨花经开区捧回“国家绿色工业园区”荣誉，是湖南省唯一获此殊荣的省级工业园区。

6 年前，雨花经开区投资数千万元，完成圭塘河生态景观提质改造。此后半年内，圭塘河畔“长”出了一座“远看青山绿水，近看美景如画”的工业设计产业园。

工业设计是制造业价值链中最具增值潜力的环节，也是引领制造业转型升级的重要载体。与平面设计、服装设计等领域不同，工业设计常用的“模特”，是“大块头”制造设备及部件，工业设计强的产品能使市场份额翻倍。如今在雨花经开区创新的土壤上，工业设计的种子逐渐成长为参天大树：180 家企业、2000 名设计师入驻创新设计产业园。

工业设计为制造业插上腾飞翅膀。不少企业与制造企业的合作模式，也由一次性购买，变为共同开发、参与销售提成。如基准设计为银河电气设计研发的磁悬浮检测设备中标北京磁悬浮，亿旭科技为中车时代设计研发了国内首台

IGBT 模块自动折弯机等。

清清圭塘河，两岸青青杨柳倒映水中。同为绿色的，还有雨花经开区产业。

“无生态、无生存”，这是园区企业这几年最深切的感受。

31 家企业退出绿心区域；从 2013 年起，先后婉拒 50 多个项目；加强存量企业管理，关停并转企业 5 家，转型 18 家，雨花经开区生态立园的理念一以贯之。

园区内原有一家上市企业金杯电工，每年产值很高，税收也比较可观。但是，该企业在生产过程中存在一定的环保问题，经开区耐心地做企业工作，帮助企业将生产基地外移到合适的地方。企业外迁后，原厂区占地重新定位于工业地产，不仅解决了园区产业结构的问题，还为金杯电工带来了原主营业务之外的服务性收益。

传统制造业企业也在向“服务制造商”转型。

近年来，在推动晓光模具加快间接热成型项目建设的基础上，园区全力支持晓光工匠学院建设，新增教学产线，做到二三产业融合发展；中南智能从做机器人集成服务，到与华为合作大数据、工业软件等，服务领域向纵深拓展；申亿五金从聚焦工程机械关键零部件和制造解决方案，到与山崎马扎克合作，在园区落户智能工厂，实现服务、制造一体化。2021年高新技术产业产值占园区工业总产值98%以上，绿色产业增加值占工业增加值的89%左右。

在雨花区黎托街道花桥村，圭塘河汇入浏阳河处，正演绎新的动人故事。地处湖南自贸试验区，浏阳河国际文化科创基地、汽车文化主题公园、中核长沙核特色医疗项目等，正在河畔拔节生长。

参考资料：

[1] 李璐，汪衡，赵倩男，等.“湘村振兴”故事多｜省生态环境厅乡村振兴工作队：宋亮，真是给村里“送亮”了［EB/OL］. 红网时刻，（2022－09－06）［2022－09－06］. https：//moment. rednet. cn/pc/content/2022/09/06/11793426. html.

[2] 中共长沙市雨花区委员会宣传部. 读河｜雨花区圭塘河：碧水滔滔舞蛟龙［EB/OL］. 中共长沙市雨花区委员会宣传部百家号，（2022－03－17）［2022－09－06］. https：//baijiahao. baidu. com/s? id = 1727491512559785385&wfr = spider&for=pc.

二、公众责任：践行绿色生活方式

使用生物降解塑料
践行绿色生活方式

“倡导简约适度、绿色低碳的生活方式，反对奢侈浪费和不合理消费。”“加快形成节约资源和保护环境的空间格局、产业结构、生产方式、生活方式，给自然生态留下休养生息的时间和空间。”“绿色发展方式和生活方式全面形成，人与自然和谐共生”……在全国生态环境保护大会上发表重要讲话时，习近平总书记多次强调要形成绿色生活方式。

绿色生活方式，是指人们在衣、食、住、行、用等日常生活中注重自然、环保、节俭、健康的方式生活。绿色生活方式是一种良好个人修养和社会责任意识的体现：当代人在享用生态系统服务功能的同时，也要为子孙后代留下宝贵的资源与生态环境，履行好应尽的可持续发展责任。同时，绿色生活方式也意味着个人自然审美观的养成以及对生态伦理和道德规范的遵从，是人类生态文明的重要标志。

践行绿色生活方式，首先要实现生活理念绿色化。倡导简约适度、绿色低碳的生活方式，需要在思想观念上来一次破旧立新，树立新的价值观、生活观和消费观。要通过学校教育、媒体报道、制度引导、监督约束等各种方式，大力宣传节约光荣、浪费可耻的观念，引导全社会牢固树立绿色发展的强烈意识，大力强化公民环境意识，推动全社会形成绿色消费文化和生活方式。

践行绿色生活方式，关键要实现消费行为绿色化。迎接绿色生活时代，需要从生活点滴开始建构。既要从消费端发力，反对奢侈浪费和不合理消费，比如推行“光盘行动”、禁止“过度包装”、治理快递垃圾等；又要养成自然、环保、节俭、健康的生活方式，坚持从我做起、从我家做起，践行勤俭节约、低碳环保的绿色生活方式，影响并带动身边更多的人践行绿色理念、改变生活方式，将绿色生活方式融入我们的日常生活。

践行绿色生活方式是建设生态文明的内在要求，也是社会价值观的重大进步，应当成为每一位公民的基本责任。绿色生活方式是现代社会的一种文明品质，意味着社会成员懂得自我规约、懂得尊重公共空间、懂得人与自然和谐相处。生态文明建设同每位公民息息相关，每个人都应该做践行者、推动者，形成全社会共同参与的良好风尚，以思想自觉引领行为自觉，共同建设美好家园。

三、社会责任：开展生态文明教育

开展生态教育
感知自然之美

教育是国之大计、党之大计。建设生态文明，是关系人民福祉、民族未来的长远大计。把生态文明教育融入育人全过程不仅是学校的责任，更是家庭的责任，社会的责任。只有把生态文明教育融入育人全过程中，才能为未来培养具有生态文明价值观和实践能力的建设者和接班人。在决胜全面建成小康社会的历史性时刻，在实现“两个一百年”奋斗目标的伟大征程中，我们党对生态文明建设作出了根本性、全局性和历史性的战略部署。开展生态文明教育，把生态文明教育融入育人全过程，就是教育对这一战略部署的具体落实。

开展生态文明教育，是教育服务中华民族伟大复兴的重要使命。生态文明建设是关系中华民族永续发展的根本大计。生态文明建设理念体现了炽热的民生情怀，已经形成了系统科学的理论体系，回答了生态文明建设的历史规律、根本动力、发展道路、目标任务等重大理论课题，将如何处理人类生产与自然环境之间关系的认识论发展到了新高度，体现了对生态问题的历史责任感和整体发展观，是我们党的理论和实践创新成果，不但是建设美丽中国的行动指南，也为构建人类命运共同体贡献了思想和实践的“中国方案”。

开展生态文明教育，是培育大众绿色生活方式的关键环节。绿色生活方式建立在价值判断和价值选择的基础上，需要行为人具备生态科学的基本知识与技能，对人与自然之间的关系具备理性认识，对社区、城市、国家甚至世界范围内的可持续发展问题保持关注，这对于普通大众来讲并非易事。因此，生态文明教育必须成为培育人们绿色生活方式的关键环节。

开展生态文明教育，有利于培育青年一代“热爱自然，建设祖国”的家国情怀和主人翁意识。要将尊重自然、顺应自然、保护自然的生态文明理念贯彻到人才培养的方方面面，培育学生知行合一精神，从日常生活开始、从身边小事做起，积极参与“美丽校园”建设。对于青年一代，要涵养其精神、培养其素质、引导其行动，使之成长为具有生态文明精神品格和实践能力的一代新人。

作家访谈

作家简介：黄亮斌，男，湖南长沙人，资深环保工作者，湖南省生态环境厅二级调研员，生态文学作家，已创作出版《圭塘河岸》、《湘江向北》、《以鸟兽虫鱼之名 走进诗经中的动物世界》等生态文学作品。

问：文学艺术是抒发人文情怀的重要载体，作家是人类的感官。作为生态文学领域的作家，您如何看待生态文学在近年的崛起？

答：文学自诞生之日起，就与自然环境有着不可分割的联系。随着工业文明的飞速发展，人类在取得技术重大进步和物质生活极大丰富的同时，人与自然的关系从来没有像今天这样引起世人的焦虑和关注，习近平生态文明思想就是在这一时代背景下孕育而生的。

“文章合为时而作，歌诗合为事而作”。中国生态文学在这个时期的崛起，体现了中国作家对人与自然关系的率先觉醒和对保护自然生态环境责任的自觉担当，我们深信，中国作家一定会用优秀的生态文学作品，传递尊重自然、顺应自然、保护自然的生态文明理念，推进人与自然和谐共生。

问：结合您的生态文学作品，谈谈当代大学生提升生态文化素养的重要意义？

答：青年是整个社会力量中最积极、最有生气的力量，国家的希望在青年，民族的未来在青年。涵养青年情怀，关键的是要牢记和践行习近平总书记在纪念五四运动100周年大会上的讲话六点寄语。中国生态文明建设虽然取得了历史性、转折性和全局性变化，但我们一定要充分认识生态文明建设的阶段性和长期性，保护环境的历史重要必将落在青年一代身上，一方面需要我们广大青年脚踏眼前坚实的大地，一方面要有着心怀诗和远方的文化涵养。

我之所以能够创作生态散文集《圭塘河岸》和长篇报告文学《湘江向北》这样的作品，除了多年在环保战线积累的这份工作经历与情感外，更主要的是有着构建人与自然关系的自觉意识，希望通过文学作品，影响人，引导人，唤醒世人对保护地球家园的责任。

问：作为生态文学领域作家，您对当代大学生提升生态文化素养有哪些建议？

答：一是关注自然生态变化，像爱护眼睛一样爱护生态环境，做一个心怀大爱的人，做生态环境的守护者。

二是进行广泛的阅读和细致的观察。优秀的作家都是思想家，不仅要有深邃的思想，还要有良好的表达能力，生态文学因其涉及面十分宽泛，对创作者尤其有着很高的要求，这就需要大学生们养成坚持阅读的良好的习惯，通过阅读丰富知识，拓展思想的深度与广度，提升自己的文学表达能力。

在线阅读

《圭塘河岸》
在线阅读

《湘江向北》
在线阅读

第三节 生态治理方法论：六素齐抓，整体施策

生态本身就是一个有机的系统，生态治理应当顺应生态环保的内在规律，以系统思维考量、以整体观念推进。开展生态文明建设工作，不能片面、局部地看问题，要树立大局观，统筹协调，整体施策，系统治理。

八大观之整体系统观

一、统筹山水林田湖草生命共同体的系统治理

习近平总书记从生态文明建设的整体视野提出"山水林田湖草是生命共同体"的论断，强调"统筹山水林田湖草系统治理""全方位、全地域、全过程开展生态文明建设"。推进生态文明建设，需要符合生态的系统性，坚持系统思维、协同推进。生态环境保护领域之所以发生历史性变革、取得历史性成就，一个重要原因就在于牢固树立、深入践行了"山水林田湖草是生命共同体"的系统思想。

"山水林田湖草是生命共同体"的系统思想，要求我们树立生态治理的大局观、全局观。习近平总书记深刻指出："人的命脉在田，田的命脉在水，水的命脉在山，山的命脉在土，土的命脉在树”。由山川、林草、湖沼等组成的自然生态系统，存在着无数相互依存、紧密联系的有机链条，牵一发而动全身。无论是哪个地方、哪个部门，无论处于生态环保的哪个环节，都应该意识到，自己的行为会经由生态系统的内部传导机制影响到其他地方，甚至影响到生态环保大局。因此，面对自然资源和生态系统，不能从一时一地来看问题，一定要树立大局观，算大账、算长远账、算整体账、算综合账，才能形成系统性的治理，实现生产、生活、生态的和谐统一。

“山水林田湖草是生命共同体”的系统思想，要求我们在生态环境治理中更加注重统筹兼顾。生态环境保护领域长期以来存在各自为政、交叉管理、多头治理等问题。统筹山水林田湖草系统治理，旨在从系统工程和全局角度寻求新的治理之道，不能头痛医头、脚痛医脚，各管一摊、相互掣肘，而是通过统筹兼顾、整体施策、多措并举，推动生态环境治理现代化。打通地上和地下、岸上和水里、陆地和海洋、城市和农村，对山水林田湖草进行统一保护、统一修复。

只有在推进生态文明建设中遵循“山水林田湖草是生命共同体”的系统思想，着力推动生态环境整体性保护和系统性修复，才能让美丽中国呈现多元之美、系统之美。

案例三

毛里湖：一汪湖水的涅槃重生

毛里湖，位于湖南省常德市津市市东南部、洞庭湖西缘，面积达 6250 公顷，流域面积 387.63 平方千米，常年蓄水 1.38 亿立方米，是集饮水、调蓄、养殖、灌溉等功能于一体的综合型湖泊，也是除洞庭湖以外的湖南第二大天然优质淡水湖。

毛里湖（治理前）

水，是发展观的一面镜子。随着绿水青山就是金山银山的理念日益深入人心，今天的毛里湖走上了生产发展、生活富裕、生态良好的绿色发展之路。

1. 治理前的毛里湖：昔日龌龊不足夸

20 世纪 80 年代初，毛里湖的水质是Ⅰ类，由于投肥养殖和周边藠头加工厂的影响，在 20 世纪 90 年代末毛里湖的水质变成了劣Ⅴ类。在巅峰时期，毛里湖一年产鱼 300 万千克。但那时，毛里湖一年四季的水都是浑浊的，臭味难闻，连牛都不愿意喝湖里的水。

2. 治理中的毛里湖："调、拆、退、治、建"多管齐下

2012 年，毛里湖的治理开始提上津市市乃至常德市的重要议事日程。2017 年、2018 年河长制、湖长制先后全面推行后，毛里湖的治理力度更大了。常德市和津市市将澧水、澧水洪道、西毛里湖、三湖、内八宝湖等周边 15 处河流、

湖泊纳入全市河湖长制工作管理体系，其他小型湖泊、水库水系均纳入镇、街道河湖长制工作管理体系，实行全覆盖，形成了治理闭环。津市市组织实施了以“两拆两退”为主要内容的湖泊水环境综合整治行动。其中，“两拆”即拆除养殖企业在湖面设置的拦网，拆除个人承包养鱼的湖滨鱼塘和湖中拦坝；“两退”即退养还湿、退耕还绿。具体可归纳为“调、拆、退、治、建”等措施：

“调”：在省政府支持下，于2013年将该水域功能类型由渔业用水调整为饮用水源，全面禁止投肥养殖。

“拆”：拆除湖体中全部网箱1.19万口和围栏1.7万米，拆除湖汊拦坝9处，拆除关闭饮用水源保护区内蔫果加工企业10家。

“退”：实行退塘、退田、退养，累计退还水面15000多亩；退养沿湖1000米范围内畜禽养殖企业258家。

“治”：实施流域生活垃圾、餐饮垃圾、生活污水治理和畜禽养殖污染防治，采取“户分类、村收集、镇转运、市处理”的模式，推行“绿色存折”制度，推广科学养殖技术，减少污染物排放。

“建”：在白衣庵溪、宋家坪溪等主要入湖溪河建设生态拦截工程，恢复入湖河口湿地1500亩，在湖滨带建设生态涵养林6000亩等。

3. 治理后的毛里湖：鱼游碧水、鸟飞碧天、蛙鸣湖边

经过不断治理，毛里湖生态环境日益趋好。目前园内已有湿地植物403种，

毛里湖（治理后）

毛里湖（治理后）

湿地动物262种，成为“鱼儿家园、鸟类天堂、植物王国”。保护大自然，当然也会受到大自然的馈赠。由于生态环境改善，当地开始开发湿地旅游，给当地人带来了新的致富方式。

2011年3月，毛里湖被正式批准国家湿地公园试点。2014年8月，津市市委、市政府则正式启动毛里湖国家湿地公园试点建设。近年来，津市市委、市政府争取国家资金5.1亿多元，地方配套8.7亿元，继续全面推进43项生态治理工程。2016年底，津市市委、市政府又正式开启国家重点建设湿地公园品牌创建，成功将毛里湖纳入《全国“十三五”湿地保护实施规划》，并跻身国家22个重点建设湿地公园笼子；2017年6月，毛里湖湿地被国家确定为全国森林康养基地试点单位，正式开启“中国古洞庭，康养度假区”旅游开发新征程。

参考资料：

[1] 焦阳. 一汪湖水的涅槃重生——毛里湖污染治理探源 [N]. 常德日报，2019－06－27 (1).

[2] 刘毅，赵亚超. 央媒看湖南丨探访治理中的湖南毛里湖——绿色发展之路越走越宽 [EB/OL]. 搜狐网湖南林业，(2019－02－21) [20201220]. https: //www. sohu. com/a/296350034 _ 676036.

二、划定生态保护红线，维护国家生态安全

从“洞庭之痛”看国家安全之生态安全

习近平总书记指出：“在生态保护红线方面，要建立严格的管控体系，实现一条红线管控重要生态空间，确保生态功能不降低、面积不减少、性质不改变。”

生态保护红线是指在生态空间范围内具有特殊重要生态功能、必须强制性严格保护的区域，是保障和维护国家生态安全的底线和生命线。生态保护红线通常包括具有重要水源涵养、生物多样性维护、水土保持、防风固沙、海岸生态稳定等功能的生态功能重要区域，以及水土流失、土地沙化、石漠化、盐渍化等生态环境敏感脆弱区域。

划定生态红线，既是国情使然，也是形势所迫。长期对生态资源的过度透支已经使我们的生态环境承载力不堪重负。如果不划定生态红线，我们留下的生态欠账就会越积越多。红线，就是不能超出的界限、不能逾越的底线。生态红线观念的缺失，必然导致生态环境保护的随意性。如不采取最严厉的措施，生态环境恶化的总体态势就得不到根本扭转。

划定并严守生态保护红线，划定是基础，严守是根本。生态保护红线的实质是生态环境安全的底线，目的是建立最为严格的生态保护制度，对生态功能保障、环境质量安全和自然资源利用等方面提出更高的监管要求，从而促进人口资源环境相均衡、经济社会生态效益相统一。因此，各级政府要真正把事关国家生态安全的重要生态区域统一纳入一条红线的管控之中，要因地制宜建立最严格的生态环境保护制度和监管制度，这不仅是当前生态保护形势的需要，也是长期的政治要求。

划定生态红线的根本目的是确保生态安全。

生态安全是指生态系统的完整性和健康的整体水平。尤其是指生存与发展的不良风险最小以及不受威胁的状态。包括饮用水安全与食品安全、空气质量

与绿色环境等基本要素。健康的生态系统是稳定而可持续的，在时间上能够维持它的组织结构和自治，并保持对胁迫的恢复力。

我国重视生态安全有三个方面的主要原因。

一是生态安全影响国家安全。生态安全已成为国家安全体系的重要基石，它从根本上关系到国家、民族安全和可持续发展。生态安全出了问题，人类生存的基本条件将受到威胁和破坏，军事、政治和经济的安全也无从谈起，还可能造成一个社会的瓦解。历史上古埃及文明、古地中海文明和印度恒河文明的衰弱和消亡在一定程度上都与生态失衡有关，由于当时的人们无休止地砍伐森林、毫无顾忌地开垦土地，加上自然灾害等因素，造成生态失衡，变得贫瘠的土地无法再承受不断增多的人口，于是社会走向衰落和消亡。

二是生态安全与其他安全紧密相联。一方面，生态安全领域问题的产生，源头在经济等其他领域。另一方面，生态安全问题的影响也在以前所未有的速度扩散至经济、政治、文化、社会等其他领域，成为很多安全问题的导火索。

三是我国的生态安全形势十分严峻。正如电影《流浪地球》所言："最初，没有人在意这场灾难。这不过是一场山火，一次旱灾，一个物种的灭绝，一座城市的消失，直到这场灾难和每个人息息相关。"据统计，全世界每小时有 3 个物种灭绝，而中国物种灭绝速度高于世界 50%以上。随着我国经济快速发展，土地退化、植被破坏、生态多样性锐减等生态安全问题日益凸显，再不重视生态安全将危及国家安全。

因此，国家高度重视生态安全。2014 年 4 月 15 日，中央国家安全委员会第 1 次会议明确将生态安全纳入国家安全体系，会议强调：贯彻落实总体国家安全观，构建集政治安全、国土安全、军事安全、经济安全、文化安全、社会安全、科技安全、信息安全、生态安全、资源安全、核安全等于一体的国家安全体系。这是从国家层面对生态安全做出的重大战略部署，对于认识、破解生态安全威胁，意义重大。党的十八届五中全会又明确提出，坚持绿色发展，构建科学合理的生态安全格局。

十八大以来，国家先后出台并实施系列政策制度和长远规划，有效地改善了生态质量，提升了生态功能、保障了生态安全。对洞庭湖的重拳出击也释放了国家、政府以铁的手腕捍卫生态安全的强烈信号。洞庭非法矮围有470多处，大约107万亩，现已全部拆除到位，矮围清除、码头复绿、畜禽退养、黑杨清退……一次次专项行动，速度快，效果好，充分展现了政府保护绿水青山的决心。

用之不觉，失之难存。生态安全对国家安全影响重大，践行生态安全观需要全社会共同贯彻创新、协调、绿色、发展、开放、共享的发展理念，积极探索绿色发展路径，树立以文明、科学、健康、和谐生活方式为主导的社会风气，推动公众广泛参与生态安全型社会建设。当代大学生也应当主动担当起践行生态安全观的责任。

一是勇做生态安全建设坚定的信仰者。要深学笃用习近平生态文明思想，做推动人与自然和谐发展的宣传员、讲解员。如开展“生态安全进社区、进校园宣讲”、生态安全调研等活动。

二是勇做生态安全建设忠实的践行者。要坚定不移贯彻生态安全理念，身体力行、从我做起，开展系列“共护母亲河（湖）、共复洁净土、共筑绿色梦”等关注生态安全、保护生态安全的活动，用行动践行和弘扬生态安全观。

三是做生态安全建设不懈的奋斗者。生态兴则文明兴，我们要以习近平生态文明思想为指导，努力成为新时代“生态环保铁军”，甘当环保志愿者，守护生态安全。只有人人都重视生态安全，人人广泛参与生态安全型社会建设，才能构建科学合理的国家生态安全格局，为国家安全奠定基石、建立安全屏障。

三、深入打好蓝天、碧水、净土三大保卫战

2018年6月16日发布的《中共中央　国务院关于全面加强生态环境保护坚决打好污染防治攻坚战的意见》（以下简称“《意见》”）提出，坚决打赢蓝

天保卫战，着力打好碧水保卫战，扎实推进净土保卫战。

2021 年 11 月 7 日，《中共中央 国务院关于深入打好污染防治攻坚战的意见》发布，在加快推动绿色低碳发展，深入打好蓝天、碧水、净土保卫战等方面作出具体部署。

蓝天保卫战：《意见》在深入打好蓝天保卫战中提出，要“着力打好重污染天气消除攻坚战；着力打好臭氧污染防治攻坚战；持续打好柴油货车污染治理攻坚战；加强大气面源和噪声污染治理。”

碧水保卫战：《意见》在深入打好碧水保卫战中提出，要“持续打好城市黑臭水体治理攻坚战；持续打好长江保护修复攻坚战；着力打好黄河生态保护治理攻坚战；巩固提升饮用水安全保障水平；着力打好重点海域综合治理攻坚战；强化陆域海域污染协同治理。”

净土保卫战：《意见》在深入打好净土保卫战中提出，要“持续打好农业农村污染治理攻坚战；深入推进农用地土壤污染防治和安全利用；有效管控建设用地土壤污染风险；稳步推进“无废城市”建设；加强新污染物治理；强化地下水污染协同防治。”

《意见》确定了深入打好污染防治攻坚战的主要目标是，到 2025 年，生态环境持续改善，主要污染物排放总量持续下降，单位国内生产总值二氧化碳排放比 2020 年下降 18%，地级及以上城市细颗粒物（PM2. 5）浓度下降 10%，空气质量优良天数比率达到 87. 5%，地表水Ⅰ—Ⅲ类水体比例达到 85%，近岸海域水质优良（一、二类）比例达到 79%左右，重污染天气、城市黑臭水体基本消除，土壤污染风险得到有效管控，固体废物和新污染物治理能力明显增强，生态系统质量和稳定性持续提升，生态环境治理体系更加完善，生态文明建设实现新进步。到 2035 年，广泛形成绿色生产生活方式，碳排放达峰后稳中有降，生态环境根本好转，美丽中国建设目标基本实现。

深入打好污染防治攻坚战要以习近平新时代中国特色社会主义思想为指导，全面贯彻党的十九大和十九届二中、三中、四中、五中全会精神，深入贯彻习近平生态文明思想，坚持以人民为中心的发展思想，立足新发展阶段，完整、准确、全面贯彻新发展理念，构建新发展格局，以实现减污降碳协同增效为总抓手，以改善生态环境质量为核心，以精准治污、科学治污、依法治污为工作方针，统筹污染治理、生态保护、应对气候变化，保持力度、延伸深度、拓宽广度，以更高标准打好蓝天、碧水、净土保卫战，以高水平保护推动高质量发展、创造高品质生活，努力建设人与自然和谐共生的美丽中国。

案例四

雨花区持续打好蓝天保卫战、碧水保卫战，守护长株潭生态绿心

经过综合施策、全面治理，如今的圭塘河两岸风光秀美、水清岸绿，成为市民打卡休闲的理想去处。

初夏时节，驱车畅行绕城高速、京港澳高速，清新绿带徐徐舒展，花木掩映的“绿丝绦”在微风中轻舞飞扬；漫步圭塘河、浏阳河畔，粼粼波光洗涤身心，缤纷花木串起两河竞秀风光；在高楼广厦、街巷楼栋间抬首，蓝天白云如画，“晴空一鹤排云上，便引诗情到碧霄”。

这一幅幅惬意图景，是在奋力建设全国一流现代化强区的征程中，雨花大力度推进生态治理，持续打好蓝天保卫战、碧水保卫战，守护长株潭生态绿心交出的现实答卷。

蓝天为证，去年，雨花区空气质量优良率85.2%，较2016年度提高9个百分点；PM2.5年均浓度40ug/m3，较2016年度下降20个百分点。

碧水为证，昔日的“龙须沟”蝶变清水渠，自2020年起，28.3公里圭塘河年均水质稳定达Ⅲ类标准，为有监测记录以来最好水平。

青山为证，154家工业企业全面退出绿心，雨花区大力开展生态修复，20世纪90年代末采砂形成的70亩矿坑，一片片苗木林正在生长……

生态文明建设加速推进，环境法治日益完善，天蓝、地绿、水净的美丽雨花正款款走来。

碧　水

昔日“龙须沟”变身最美城市内河

浏阳河蜿蜒流淌，圭塘河碧波拍岸，石燕湖浮光跃金，也正是有了这些灵动的水，“中部第一区”的雨花才会显得更加丰富和柔软，人们日复一日的工作生活才会点缀着诗意。

5月19日，长沙市首届“圭塘河岸”休闲旅游节启动式暨雨花城市定向赛活动举行，200多位选手迎着微风，在奔跑中感受圭塘河生态美景。从“浊水

之殇”到鱼翔浅底，昔日人人避之不及的“龙须沟”，已然变身风景宜人的最美城市内河，背后正是雨花区凝聚合力、呵护一江碧水的决心。

虽被誉为雨花的母亲河，但圭塘河曾一度被人称为“龙须沟”。进入新世纪以来，长沙市、雨花区两级先后投入80余亿元，对圭塘河展开治理，2012年后更是强力推进点线面全流域的综合施策。

二十年之治，圭塘河不仅成了城市风景，更是成了百姓财富。

2017年，圭塘河全面消除黑臭水体；2018年顺利通过黑臭水体治理专项督查；2019年年均水质达到Ⅳ类，2020年、2021年年均水质达到Ⅲ类……雨花区对圭塘河生态的治理开发，不但入选全省生态文明建设典型案例，获评全省“美丽河湖优秀案例”，更被生态环境部列入治理示范案例。

圭塘河的勃勃生机，激发着人们对生活的热爱。市民黄亮斌自发写书记录圭塘河精彩蝶变，他在《圭塘河岸》中写道：“我更加深信，生态文明不是空洞无物的口头说教。”

近年来，雨花区全面落实河长制，以圭塘河流域治理、河湖“清四乱”、小微水体管护等工作为抓手，贯彻落实湘江保护与治理省“一号重点工程”，大力推动河湖治理重点项目实施。

蓝 天

七大专项整治呵护雨花好“气质”

蓝天，总能带来一种令人向往的辽阔与静谧。在朝着“立足中部领先、迈向全国十强”的区域目标奋进的征程中，守护好蓝天，呵护好“气质”，是雨花矢志不移的追求。

“油烟净化器开了，风机开了，清洁度合格。”5 月 30 日上午，雨花区城管执法大队雨花亭中队副指导员李勇掏出手机，打开移动执法软件，屏幕上油烟实时监控数据一目了然，香樟路上几家饭店的油烟排放正常。

通过这个新上线的油烟在线监控平台，执法人员无需挨个上门检查，就能对餐饮门店的油烟排放情况完成动态远程监管。同时，对监测中发现的异常情况，在线监管平台会通过短信和 APP 消息推送等方式及时提醒执法人员处置。

守护“气质”必须防止污染。雨花区全面落实“六控”“十个严禁”措施，深入推进蓝天保卫战工作，印发《2022 年长沙市雨花区蓝天保卫战七大专项整治行动工作方案》，成立雨花区蓝天保卫战七大专项整治行动领导小组，重点对工地扬尘污染、餐饮油烟和焚烧、汽修和汽车 4S 店、加油站油气污染、挥发性有机物污染、高污染排放车辆污染、非道路移动机械污染等重点领域开展专项整治，区城管、住建、环保、交警、公安等部门常态联合行动、交叉执法，严控各类污染源。

同时，雨花区还综合利用走航车、无人机等科技手段，对辖区内污染源进行摸底，根据餐饮、汽修、加油站、工地等类别，建立“一单一库”（污染源清单和污染源图库），形成挂图作战和工作清单化的工作机制。区领导带队在重点时段对重点行业进行巡查，并开展问题整改“回头看”，实行问题交办、摸底台账、整改销号、结果通报“一单四制”流程化、闭环式管理，做到服务和执法并行，营造干净整洁的人居环境。

青　山

守护 178.98 平方公里“绿心之芯”

满目葱茏，绿意融融，遍植的李树、桃树、橘子树、柚子树，让荒山披上了亮丽的绿装，站在跳马镇田心桥村柳树塘洗砂矿所在地，昔日的矿区已经无迹可寻，取而代之的是片片绿色。

雨花区绿心面积达 178.98 平方公里，占长株潭绿心总面积的三成以上，占长沙市绿心面积约三分之二，是一片当之无愧的“绿肺”，有“绿心之芯”的美誉。

然而就在这片绿心之中，有 18 个多年前采砂留下的矿坑，裸露的矿坑与四周的青山绿水形成巨大反差。

2018 年起，雨花区启动长株潭绿心废弃矿山矿坑生态修复，涉及面积约 1137 亩。目前，雨花区共完成 8 个矿点 19.97 公顷的生态修复，通过市级现场

验收，得到验收组专家的高度认可。2021 年，雨花区绿心地区矿山矿坑生态修复被评为湖南省国土空间生态修复范例。

雨花区深知，守护长株潭绿心，是发展所需，也是应尽之责。3 月，省林业局、市林业局、雨花区发起“让绿心更绿”大型环保公益系列活动，并启动“让绿心更绿——我为绿心植棵树”首期主题活动；4 月，雨花区 200 余名干部群众齐聚跳马镇关刀新村，栽种下一棵棵树苗，也栽种下一片绿色的希望；5 月，由全国、省、市、区四级，长沙、株洲、湘潭三市政协委员联动履职的守护绿心政协委员工作室，在长株潭绿心的核心区雨花区跳马镇成立……

雨花区在全市率先启动碳达峰路径研究及行动方案编制，加快形成绿色低碳生活方式；在 13 个街镇升级建成 128 座垃圾分类小屋；全区建成 131 个分散

式充电站项目、1511 根充电桩、1 个换电站项目、6 个直流换电工位，纸袋、纸吸管正逐步代替塑料制品……绿色成为雨花高质量发展的亮丽底色。

参考资料：

[1] 中共长沙市雨花区委员会宣传部. 生态雨花，绚美绽放雨花区持续打好蓝天保卫战、碧水保卫战，守护长株潭生态绿心 [EB/OL]. 中共长沙市雨花区委员会宣传部百家号，(2022－06－02) [2022－09－06]. https：//baijiahao. baidu. com/s?id＝1734466973430503876&wfr＝spider&for＝pc.

第四节 生态文明大格局：命运共同，权责共担

八大观之共赢全球观

今天，生态环境问题已成为世界各国必须携手解决的重大问题，保护生态环境已成为全人类的共识。面对日益严峻的全球生态环境问题，人类是一荣俱荣、一损俱损的命运共同体，没有哪个国家能独善其身。地球是人类唯一赖以生存的家园。世界各国人民只有风雨同舟、和衷共济，才能共同营造和谐宜居的生态环境，共同保护不可替代的地球家园，让全球生态文明之路行稳致远。我们要站在对人类文明负责的高度，尊重自然、顺应自然、保护自然，探索人与自然和谐共生之路，促进经济发展与生态保护协调统一，共建繁荣、清洁、美丽的世界。

一、我国环境外交新局面

所谓环境外交，是指各国家及非国家行为体运用谈判、交涉、协调等和平的外交方式来调整国际环境关系的外交活动，以达到加强国际环境交流与合作，保护全球生态环境的目的。我国环境外交工作自 1972 年斯德哥尔摩环境会议开始起步，四十多年来迅速发展，为国际生态环境保护事业作出了重要贡献。

我国开展环境外交的主要目标是维护全球生态安全，保持生物多样性以及实现可持续发展。具体做法包括参加国际环境条约的谈判、参与国家间环境问题开展的双边和多边交流与合作、积极履行国际环境条约义务，以及化解国际环境合作中的分歧和冲突等。

我国在环境外交中一直坚持“共同但有区别的责任”原则，即一方面我国作为发展中国家需要加强国内的环境保护意识，并从政治、经济、法律等各个方面系统推进环境保护进程，另一方面国际社会应该敦促发达国家在国际环境治理中承担起主要责任。

我国的环境外交的主要态势已由过去被动响应国际社会的施压转变为积极主动地应对环境问题，参与塑造全球环境治理格局和基本规则。并且，我国在开展环境外交的同时统筹了国内国际两个大局，推动中国生态环境治理进程的快速和良性发展。此外，我国加强了与第三世界国家的联系，力争完善全球环境治理规则，积极参加国际环境会议，参与国际条约的制定和修改，主动为各国环境问题的解决搭建交流与合作的平台，通过谈判、协商等和平手段推动建立新的全球环境治理机制。

目前，我国的环境外交辐射全世界，并已形成全方位、多层次和具有显著影响力的环境外交新局面。这对建设美丽中国和美丽世界以及构建人类命运共同体都意义非凡。展望未来，我国要深度参与全球环境治理，在国际环境合作领域发挥引领作用，在谈判和对话中以更加开放和积极的姿态化解环境争端。

二、新时代“绿色丝绸之路”

2016 年 6 月，国家主席习近平在乌兹别克斯坦最高会议立法院的演讲中指出，“要着力深化环保合作，践行绿色发展理念，加大生态环境保护力度，携手打造‘绿色丝绸之路’”。2020 年 9 月 23 日，国家主席习近平在北京以视频方式会见联合国秘书长古特雷斯。他再次强调，发展必须是可持续的，需要处理好人与自然的关系。中国既加强自身生态文明建设，也主动承担应对气候变化的国际责任，努力呵护好人类共同的地球家园，积极同各国一道打造“绿色丝绸之路”。

打造“绿色丝绸之路”，是出于长远发展作出的科学选择，是保护世界文明延续的有益创举。良好的环境是支撑“一带一路”战略顺利推行的必要前提，把生态文明的理念融入到“一带一路”的顶层设计和具体实施中体现了中国政府的远见卓识。“一带一路”参与的许多国家现在仍面临着资源短缺、生态脆弱等问题，合作项目也存在着潜在的生态风险。生态环境保护问题是关系到“一带一路”战略是否能够可持续和高质量地推进的关键问题。推行“绿色丝绸之路”战略不但对于改善丝绸之路沿线国家的生态环境与环境保护理念具有深远意义，在全球范围来看也是探索通过区域合作来保护环境的重要尝试，是全球环境治理模式的有益探索与积极实践。

打造“绿色丝绸之路”要求构建“1＋2＋3”合作格局。在中阿合作论坛第六届部长级会议开幕式上的讲话中，国家主席习近平提出了构建“1＋2＋3”合作格局的设想。该设想对于打造“绿色丝绸之路”具有建设性价值。“1”是指以能源合作为主轴，构建互惠互利、安全可靠、长期友好的能源战略合作关系。“2”是指以基础设施建设、贸易和投资便利化为两翼，加强发展项目和民生项目的合作。这两翼都需要绿色化。一是要强化基础设施绿色低碳化建设和运营管理，在建设中充分考虑气候变化影响。要加强能源基础设施互联互通合作。二是在投资贸易中要突出生态文明理念，加强生态环境、生物多样性和应对气候变化合作。要促进投资企业按属地化原则经营管理，严格保护投资地的生物多样性和生态环境。“3”是指以核能、航天卫星、新能源三大高新领域为突破口，努力提升中阿务实合作层次。在“一带一路”建设中，要进一步积极推动水电、核电、风电、太阳能等清洁、可再生能源合作，促进参与国家加强在新一代信息技术、生物、新能源、新材料等新兴产业领域的深入合作。同时，也要防范由之可能带来的生态风险。

三、碳达峰与碳中和之路

聚力科技创新
推进“双碳”进程

为应对全球气候变化，建设美丽中国，中国向国内外展示了助推生态文明建设的决心和目标：2020年，在第七十五届联合国大会一般性辩论上，中国承诺在2030年前实现碳排放达峰、2060年前努力实现碳中和；在中共十九届五中全会上，中国确立了到2035年生态环境根本好转，广泛拥有绿色生产生活方式，碳排达峰后稳中有降。

事实上，相对于发达国家，中国应对气候变化的努力更艰辛，因为全国人均收入水平远未达到世界平均水平的80%。虽然道路艰辛，但中国人民应对气候变化的理念和方法，对世界绿色发展大有意义。

受新型冠状病毒肺炎疫情影响，国内外应对气候变化形势不稳定性增强，生态环境质量持续改善压力越来越大。我国仍是最大的发展中国家，发展不均衡的问题突出，有关应对气候变化的短板依然很多，要实现新达峰目标与碳中和目标，需要坚持绿色发展，通过卓绝的努力才能实现目标。

我国是最早签署《联合国气候变化框架公约》和《京都议定书》的国家之一。作为全球最大的温室气体排放国，我国相继出台了一系列措施：调整产业和能源结构、碳市场建设、增加森林碳汇等。此次第一次提出碳中和的中长期气候目标，倒逼“脱碳”引领社会发展。

党的二十大提出“积极稳妥推进碳达峰碳中和。”实现碳达峰碳中和是一场广泛而深刻的经济社会系统性变革。立足我国能源资源禀赋，坚持先立后破，有计划分步骤实施碳达峰行动。完善能源消耗总量和强度调控，重点控制化石能源消费，逐步转向碳排放总量和强度“双控”制度。推动能源清洁低碳高效利用，推进工业、建筑、交通等领域清洁低碳转型。深入推进能源革命，加强煤炭清洁高效利用，加大油气资源勘探开发和增储上产力度，加快规划建设新型能源体系，统筹水电开发和生态保护，积极安全有序发展核电，加强能源产供储销体系建设，确保能源安全。完善碳排放统计核算制度，健全碳排放权市场交易制度。提升生态系统碳汇能力。积极参与应对气候变化全球治理。

我国将用不到10年的时间碳排达峰，不到30年的时间碳中和，“两步走”的应对气候变化战略也透露出“绿色低碳”将是“十四五”时期经济社会发展的重要目标之一。碳达峰由“2030年左右”调整为到“2030年前”，说明减排任务分解速度加快，相关行业及地区需要在“十四五”期间努力达峰。中国在2060年前碳中和，将助推全球实现碳中和时间提前，对全球应对气候变化工作起到关键性作用。在这个达峰的过程中间，要推动大幅度提高能源效率，大幅度地改善能源结构，大幅度地提升非化石能源占比，这也是“十四五”的重点工作。在能源领域，能源清洁化、低碳化是一个方向，逐步降低对化石能源的依赖。它的基本逻辑就是从一个资源依赖的发展模式，走到技术依赖的发展模式。

实现碳中和目标，中国经济增长与碳排放要深度脱钩，随之而来的将是中国经济的结构性变革。机遇与挑战并存，2050年左右，中国非化石能源比重占一次能源消费比重将达到80%左右，产业调整、资产重估必然是艰巨的挑战，同时也将诞生新的发展机会。全球经济的绿色发展，需要依赖发展方式的根本性转变。中国率先发起经济领域深度低碳转型的行动倡导，生产方式、消费方式、商业模式等将发生脱胎换骨的变化，中国的碳中和生态文明发展目标必将助推世界经济绿色发展。

碳中和目标将深刻影响下一步产业链的重构、重组和新的国际标准。2020年7月份，在欧盟宣布碳中和计划之前，已有30多个国家宣布碳中和目标，包括墨西哥、马尔代夫等，此后中国、日本、韩国接连提出碳中和目标。全球重要的经济体，也就是占全球GDP 75%、占全球碳排放量65%的国家开始碳中和。碳中和已成为各国追求的共同目标和共同价值观。全球各国在碳中和的大背景下，将进行新的国际合作、国际分工，形成国际标准。

案例五

中国向缅甸赠送应对气候变化物资
共同面对气候问题

2017 年 3 月 1 日，中国赠送缅甸应对气候变化物资交接仪式在缅甸首都内比都举行。此次，中国国家发展和改革委员会向缅甸自然资源和环境保护部赠送了 10000 台清洁炉灶和 5000 套 100 瓦太阳能户用光伏发电系统。中国气候变化事务特别代表解振华在交接仪式上表示，这批物资的顺利交付将为缅甸普通农民家庭提供清洁能源、改善生活环境，为缅甸和全球温室气体减排做出贡献，这是中国气候变化南南合作的重要成果，也是中缅两国携手应对气候变化挑战的实践。

据统计，缅甸有 70%的人口都在使用木柴作为主要燃料，每年消耗的木柴

中国赠送缅甸应对气候变化物资交接

签署物资交接证书

量高达1800多万立方，在1087万户人家中仅有360万户使用上了电力，电力覆盖率仅为33%。缅甸自然资源和环境保护部部长吴翁温对此次捐赠表示感谢："开展此次项目旨在加强应对气候变化合作、增强中缅两国友谊。由中国国家发展和改革委员会捐赠的清洁炉灶和太阳能户用光伏发电系统对保护缅甸森林资源、改善农村地区电力情况、应对气候变化和发展农村地区有重要帮助。"

这是中国气候变化南南合作的又一重要成果，也是中缅两国携手应对气候变化挑战的成功探索。此前，中国供货企业对来自缅甸14个省林业及干旱区绿化部门近40名官员和技术人员进行了有关使用和维护的技术培训。2014年11月，李克强总理在缅甸出席东亚合作领导人系列会议并对缅甸进行正式访问期间，中缅双方签署了应对气候变化物资赠送谅解备忘录。

2011年以来，中国政府已累计投入7亿余元，用于开展气候变化南南合作，主要是通过节能低碳产品赠送和能力建设等形式，帮助其他发展中国家提高应对气候变化能力。除了政府，不少非政府组织也加入了环境保护与应对气候变化的工作中，例如与缅甸民间组织一起在推动缅甸农村社区使用可再生能源、提高应对气候变化能力方面做了大量工作的中国本土环境组织——全球环境研究所。

参考资料：

［1］洪荃诠. 中国向缅甸赠送应对气候变化物资共同面对气候问题［EB/OL］. 国际在线，（2017－03－03）［2020－12－20］. https：//news. cri. cn/20170303/78c39903－a69a－ceed－9efe－7b1b532c91f8. html.

四、构建人类生态命运共同体

“大国更应该有大的样子，要提供更多全球公共产品，承担大国责任，展现大国担当。”国家主席习近平对全球生态环境保护的思考饱含着对全人类命运、前途的深度思考和高度关切。

当代中国具有始终不渝推动构建人类生态命运共同体的国际担当。党的十九大报告将“坚持推动构建人类命运共同体”列入新时代坚持和发展中国特色社会主义的基本方略；习近平总书记在全国生态环境保护大会上再次强调生态环境问题；我国积极开展环境外交，主动参与国际环境合作，推动共建“绿色丝绸之路”，这些都彰显出我国在解决全球生态问题上的大国担当。

构建人类生态命运共同体要以构建人与自然的生命共同体为基础。习近平总书记指出，“人与自然是生命共同体，人类必须敬畏自然、尊重自然、顺应自然、保护自然”，提出了“人与自然和谐共生”与“山水林田湖草是生命共同体”等理念，要求像保护眼睛一样保护生态环境，像对待生命一样对待生态环境，统筹兼顾、整体施策、多措并举，全方位、全地域、全过程开展生态文明建设。人与自然的生命共同体不仅关系中华民族永续发展的根本大计，还关乎全球生态安全，它是构建人类生态命运共同体的坚实基础。

构建人类生态命运共同体必须共谋全球生态文明建设。建设生态文明是中华民族努力探索实现物质丰富、社会稳定、政治平等、文化繁荣、生态文明的中国特色社会主义新型文明之路。在经济全球化的基本背景下，开展全球生态文明建设既有危机，又有契机。我国作为世界最大发展中国家，已经成为全球生态文明建设的重要参与者和贡献者，将继续坚持共商、共建、共享原则，让我国发展建设成果更多更公平地惠及各国人民，为构建人类生态命运共同体贡献出中国智慧、中国方案和中国力量。

拓展阅读

生态环境部部长黄润秋：
呼吁携手共建地球生命共同体

2020 年 9 月 24 日，生态环境部部长黄润秋主持召开“2020 年后生物多样性展望：共建地球生命共同体”部长级在线圆桌会。会议聚焦生物多样性与可持续发展、2020 年后生物多样性全球治理开展深入对话和交流，进一步凝聚各方共识，为将于 9 月 30 日召开的联合国生物多样性峰会助力。联合国副秘书长刘振民，来自巴西、哥斯达黎加、埃及、欧盟、法国、德国、印度、意大利、日本、马尔代夫、墨西哥、挪威、韩国、俄罗斯、沙特、南非和英国的17位部长级代表，以及联合国环境规划署、《生物多样性公约》秘书处、生物多样性和生态系统服务政府间科学政策平台、世界自然保护联盟、“全球青年生物多样性网络”等国际组织和非政府组织代表在线或以录制视频方式参会。

黄润秋在开幕致辞中表示，生物多样性是人类赖以生存和发展的基础，为人类提供了丰富的生产生活必需品和健康安全的生态环境。面对生物多样性丧失、气候变化、海洋污染等前所未有的挑战，国际社会必须携手应对，加快形成绿色发展方式和生活方式，建设生态文明和美丽地球。

黄润秋强调，面对全球性危机和挑战，人类是一荣俱荣、一损俱损的命运共同体，只有秉持人与自然和谐共生，加强全球生物多样性保护合作，才能谋求可持续发展。中方呼吁各方坚持共建地球生命共同体，以全人类共同利益为出发点，相向而行，主动为生物多样性保护和可持续利用调动资源，积极参与“框架”的制定进程，推动全球层面相关问题的妥善解决。坚持绿色发展，推动疫情后绿色复苏，推进生物多样性保护与经济社会发展深度融合，促进达成平衡的《生物多样性公约》三大目标。坚持多边主义，遵循“里约三公约”原则和精神，加强在生物多样性保护与绿色发展领域的对话与合作，为全球环境治理注入更多积极因素。

参考资料：

[1] 高敬，戴小河. 呼吁携手共建地球生命共同体［EB/OL］. 新华社，（2020－09－25）［2020－12－20］. http：//www. xinhuanet. com/politics/2020－09/25/c _ 1126541507. htm.

湖南做法

湖南牢记嘱托
交上“守护好一江碧水”绿色答卷

2018年4月25日，习近平总书记视察长江岳阳段，作出了“守护好一江碧水”重要指示。两年来，湖南全省生态环境系统牢记嘱托，按照“共抓大保护、不搞大开发”的要求，持续推进“一江一湖四水”系统联治，强力抓好长江经济带突出生态环境问题整改，坚决打好污染防治攻坚战，全省水环境质量全面提升。

地表水环境质量全面提升。2019年，全省60个“水十条”国家考核评价断面中，水质优良率91.7%，高出全国平均水平16.7个百分点，比2017年上升3.4个百分点，特别是大通湖终于脱离了劣V类水质。全省国控断面水质优良率排名全国第11位，其中，湘西州、永州市、张家界市在地级城市考核排名中位列全国前30位。345个省控考核评价断面中，水质优良率为95.4%，比2017年上升1.8个百分点。今年一季度保持了持续好转的态势。

“一江一湖四水”水质整体改善。2019年，长江干流湖南段163千米水质总体为优，天子一号、君山长江取水口、城陵矶、陆城等4个断面水质均从2017年的Ⅲ类提升到Ⅱ类。洞庭湖湖体11个考核断面除总磷外，其他考评指标均达到Ⅲ类，总磷浓度为0.066毫克/升，比2017年下降9.6%。湘、资、沅、澧四水水质总体为优，其中，湘江流域Ⅰ～Ⅲ类水质断面占比98.7%，同比2017年上升0.7个百分点，干流39个断面全部达到或优于Ⅱ类水质。资江、沅江和澧水流域Ⅰ～Ⅲ类水质断面占比均为100%。

饮用水水源水质有效提升。2019年，湖南全省29个地级城市集中式饮用水水源地有28个达标，达标率为96.6%，比2017年提高3.5个百分点，特别是锑浓度长期超标的益阳资江龙山港饮用水源地实现达标。全省132个县级集中式饮用水水源地水质达标率为97.7%，同比2017年提高2.1个百分点。

两年来，湖南以"一湖四水"为主战场，扎实推进湘江保护和治理省"一号重点工程"及洞庭湖生态环境综合整治，根治河湖沉疴，大力修复生态，成效斐然。

在着力推进长江经济带突出生态环境问题整改上，统筹推进长江经济带生态环境警示片、中央环保督察及"回头看"、全国人大水污染防治法执法检查、省级环保督察等交办突出环境问题整改，科学制定整改方案，采取调度、通报、督办、挂牌督办、约谈、曝光典型案例、开展专项督察等形式强力推进，持续保持督察整改高压态势。

同时，通过建立验收销号机制，2018年警示片披露的18个问题已销号15个，剩余3个将于2020年底前全部整改到位；2019年披露的19个问题已制定整改方案并上报，今年年底前整改到位18个，1个于2021年底前完成。国家长江办交办的"锰三角"地区4个锰渣库渗漏液问题已全面完成整改3个，1个基本完成整改。中央环保督察反馈的76项任务完成整改64项，中央生态环保督察"回头看"反馈的41项任务完成整改18项，全国人大水污染防治法执法检查指出的22个问题与建议完成整改9个，省级环保督察反馈的611项整改任务已完成整改456项。通过抓整改，长株潭"绿心"违规建设项目、衡阳大义山自然保护区生态破坏、益阳石煤矿山环境污染、东安饮用水水源锑超标等一批历史遗留问题，长江码头违规装卸、侵蚀长江岸线、东洞庭湖自然保护区违规养殖等一批直接威胁长江生态安全的问题均得到解决，有效防范化解了环境风险。

坚决打好长江保护修复等重大标志性战役方面，统筹打好蓝天、碧水、净土保卫战和长江保护修复、柴油货车污染治理、饮用水水源保护、黑臭水体治理、农业农村污染治理等攻坚战，完成污染防治攻坚战阶段目标任务。2018 年、2019 年分别完成 1041 个和 1256 个治理项目，较好地完成了县级饮用水水源地环境整治、长江干流排污口（排渍口）整治、工业园区污水处理设施建设等 20 项任务。

通过组织开展八大专项行动，一些重点断面得到整治。2019 年，益阳市志溪河，长沙市沩水胜利、浏阳河三角洲、捞刀河口，娄底市涟水西阳渡口，岳阳市华容河六门闸等 6 个断面达到Ⅲ类，水质长期为劣Ⅴ类的大通湖从 2018 年 10 月以来已连续 18 个月退出劣Ⅴ类水体，初步排查全省长江湖南段及湘江干流入河排口 4497 个。生态环境部指出的 579 个问题全部完成整改任务或达到年度整改目标。地级城市 184 处黑臭水体，已完成整治 171 处，消除比例为 92.93％。开展工业园区污水处理设施整治，全省 144 个工业园区已配套 202 座污水处理设施，还有 12 座污水处理设施正在加快建设。

加快推进环境治理体系和治理能力现代化方面，基本完成全省生态环境机构和监测、监察、执法垂直管理制度改革。深入推进生态文明体制改革，185 项生态文明体制改革总体任务累计完成超过 70％。加强环境监管能力建设，推进环境大数据建设，构建互联网＋督察、执法、审批、监测、监控等 8 个平台。建立完善省、市、县三级覆盖大气、水、土壤等环境要素生态环境监测网络，启动全省长江经济带水质自动监测能力建设。

生态环境保护与修复是一项非常复杂的系统工程，既是一场攻坚战，更是一场持久战。下一步，湖南将切实增强落实“共抓大保护、不搞大开发”“守护好一江碧水”的政治自觉、思想自觉和行动自觉，继续抓好湘江保护和治理，扎实推进洞庭湖生态环境专项整治，统筹推进“一江一湖四水”系统联治，守护湖南“一湖四水”的清水长流。

参考资料：

[1] 亚凡，葛倩．湖南牢记嘱托交上“守护好一江碧水”绿色答卷［EB/OL］．人民网湖南频道（2020－04－25）［2020－12－20］．http：//hn．people．com．cn/n2/2020/0425/c356883－33975010．html．

绿色行动

思考与行动：作为一名大学生，我们可以从哪些方面践行绿色生活方式？

资源推荐

1．（美）利奥波德．沙郡年记［M］．王铁铭．桂林：广西师范大学出版社，2014．

2．全国干部培训教材编审指导委员会．推进生态文明　建设美丽中国［M］．北京：人民出版社，2019．

3．许建海，郭帆，刘慈欣．流浪地球［EB/OL］．中国电影股份有限公司，北京京西文化旅游股份有限公司，2019．https：//www．mgtv．com/b/352448/10887061．html？cxid＝95kqkw8n6．

第四章

严密法治生态稳

——靠什么保障生态文明建设

生态文明法治建设

一、时代呼唤重典治污

时代呼唤重典治污

党的二十大报告中指出："坚持全面依法治国，推进法治中国建设"。强调"坚持法治国家、法治政府、法治社会一体建设，全面推进科学立法、严格执法、公正司法、全民守法，全面推进国家各方面工作法治化"。

绿水青山就是金山银山，保护绿水青山，必须依靠制度、依靠法治。习近平总书记强调："在生态环境保护问题上，就是要不能越雷池一步，否则就应该受到惩罚。""只有实行最严格的制度、最严密的法治，才能为生态文明建设提供可靠保障。"

我国生态环境保护中存在的突出问题，大多同体制不健全、制度不严格、法治不严密、执行不到位、惩处不得力有关。为更好地保护绿水青山，党的十八大以来，我国把法治建设作为推进生态文明建设的重中之重，加快法治创新，增加法治供给，完善法治配套，强化法治执行，让法治成为刚性的约束和不可触碰的高压线。

党的十八届三中全会之后，党中央、国务院出台《关于加快推进生态文明建设的意见》《生态文明体制改革总体方案》等重要文件，搭建起生态文明制度体系的“四梁八柱”，完成了生态文明领域改革的顶层设计。

从建立中央生态环境保护督察制度，到监测监察执法“垂改”；从明确领导干部生态环境损害责任追究办法，到开展自然资源离任审计；从构建绿色技术创新体系，到推行绿色生活创建，加快发展方式绿色转型……近年来，生态文明体制改革全面推进，聚焦八大类制度体系建设、47 项具体改革任务，已陆续出台 60 多项相关的配套制度，为护佑绿水青山筑牢根基。

二、利剑出鞘斩污护绿

举一纲而万目张。生态文明建设顶层设计明晰之后，各项配套法律制度、实施办法的制定，紧锣密鼓地展开。近年来，我国制定和修改《中华人民共和国环境保护法》《中华人民共和国环境保护税法》《中华人民共和国大气污染防治法》《中华人民共和国水污染防治法》等法律。2020 年 7 月 1 日起，新修订的《中华人民共和国森林法》正式实施。同年 9 月 1 日起，新修订的《中华人民共和国固体废物污染环境防治法》已经施行。全国人大常委会、最高法、最高检对环境污染和生态破坏界定入罪标准，加大惩治力度，形成了高压态势。如此密集的环保立法及修订工作，彰显了国家铁腕治污的决心。

2013 年，十二届全国人大常委会立法规划了 68 个立法项目，其中有 11 个是环境资源方面的。党的十八届四中全会后，全国人大常委会对这个立法规划进行了扩展，把立法项目扩充到 102 个，环境资源立法项目增加到 18 个。

在地方层面，生态环保立法也蹄疾步稳地推进。党的十八大以来，地方生态环境保护法律立、改、废工作非常活跃，截至 2019 年年底，地方性生态环境保护相关法律法规已达 1247 件，治理与保护法制化进程明显提速。

生态环保法律体系不断完善，其他法律的制修订也充分体现“绿色”原则。2021 年 1 月 1 日起施行的《中华人民共和国民法典》，开篇就规定“民事主体从事民事活动，应当有利于节约资源、保护生态环境”。民法典的相关条文，既充分反映了人民群众对良好生态环境的向往，也体现了新时代对公民的要求。

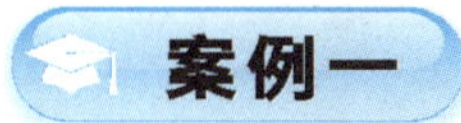

案例一

整治秦岭违建别墅

秦岭是中国南北地理分界线，更是涵养八百里秦川的一道重要的生态屏障，具有调节气候、保持水土、涵养水源、维护生物多样性等诸多功能。但长期以来，不少人盯上了秦岭的好山好水，试图将“国家公园”变为“私家花园”，违规征地、粗暴开发……秦岭的别墅开发乱象屡禁不止，严重破坏了生态环境，秦岭北麓地区生态保护形势日趋严峻。

秦岭违建别墅群

对这一问题，习近平总书记高度重视，从 2014 年 5 月到 2018 年 7 月，先后六次作出批示指示，扭住不放清顽疾，一抓到底正风纪。最终，一场雷厉风行的专项整治行动在秦岭北麓西安境内展开。这次拆违整治，中央指派中纪委

秦岭单体最大违建别墅，被称为“陈路超大违建别墅”，位于秦岭北麓西安段，圈占基本农田 14.11 亩、鱼塘两处逾千平方米、狗舍面积达 78 平方米

副书记、国家监委副主任徐令义担任专项整治工作组组长。中央、陕西省、西安市三级打响秦岭保卫战，秦岭北麓西安段共有 1194 栋违建别墅被列为查处整治对象。截至 2019 年 1 月 10 日，依法拆除 1185 栋、依法没收 9 栋；依法收回国有土地 4557 亩、退还集体土地 3257 亩。在违建别墅被拆除的同时，诸多与这些别墅相关的腐败案例，也陆续被挖出。

秦岭拆违专项整治行动

秦岭拆违专项整治行动

2020 年 4 月 20 日，正在陕西考察的习近平总书记来到秦岭牛背梁国家级自然保护区，了解秦岭生态保护工作情况。他强调，秦岭违建是一个大教训，要痛定思痛，警钟长鸣，以对党、对历史、对人民高度负责的精神，以功成不必在我的胸怀，把秦岭生态环境保护和修复工作摆上重要位置，履行好职责，当好秦岭生态卫士，决不能重蹈覆辙，决不能在历史上留下骂名。

对自然生态保护这道红线，习近平总书记从来都是零容忍。从秦岭违建别墅到祁连山生态破坏，从洞庭湖下塞湖非法矮围到腾格里沙漠污染等，习近平总书记对破坏生态问题始终毫不姑息、一抓到底，释放出生态红线不可逾越的强烈信号。

参考资料：

[1] 曹红艳. 生态红线就是“高压线”[N]. 经济日报，2020－04－23（03）.

[2] 李华，姜辰蓉. 重拳整治秦岭北麓违建别墅[J]. 瞭望，2018（48）：2.

一抓到底正风纪——秦岭违建整治始末

三、生态法律体系形成

生态环境法有“地球行星家政法”的美誉，既是一个巨大而复杂的法律体系，也有着与传统法律部门不同的价值取向、制度体系和程序安排。中国的环境立法从 1979 年开始到现在，以《中华人民共和国宪法》（以下简称《宪法》）为依据、以环境保护法为基础，以污染防治法和自然保护单行法为主干的生态环境保护法律体系已经形成。

1. 我国生态环境保护法律体系的主要法律规范

（1）《宪法》中的环境保护的规范；
（2）综合性环境保护基本法；
（3）环境保护单行法；
（4）其他部门法中的环境保护条款；
（5）环境保护行政法规以及地方性法规；
（6）环境保护部门规章和地方政府规章；
（7）环境保护标准中的环境保护规范；
（8）中国缔结或签署的国际环境公约（条约）等。

2. 我国生态环境保护法律体系的基本内容

（1）《宪法》中的环境保护的规范

2018 年 3 月新修订的《宪法》，将“科学发展观”“新发展理念”“生态文明”“和谐美丽的社会主义现代化强国”等概念写入《宪法》序言。

《宪法》第二十六条规定：“国家保护和改善生活环境和生态环境，防治污染和其他公害。国家组织和鼓励植树造林，保护林木。”

《宪法》第九条规定：“国家保障自然资源的合理利用，保护珍贵的动物和植物。禁止任何组织或者个人用任何手段侵占或者破坏自然资源。”

（2）**综合性环境保护的基本法**

综合性环境保护的基本法指的是2014年4月修订的《中华人民共和国环境保护法》，其对环境保护法的任务、对象、基本原则、环境监督管理的权限以及法律责任的重要问题作了相应的规定。

（3）**环境保护单行法**

环境保护单行法主要有以下三个方面：

一是环境污染防治法，主要包括《中华人民共和国大气污染防治法》《中华人民共和国水污染防治法》《中华人民共和国土壤污染防治法》《中华人民共和国固体废物污染环境防治法》《中华人民共和国环境噪声污染防治法》《中华人民共和国放射性污染防治法》等。

二是自然资源保护的法律规定，主要包括《中华人民共和国土地管理法》《中华人民共和国森林法》《中华人民共和国草原法》《中华人民共和国水法》《中华人民共和国水土保持法》《中华人民共和国矿产资源法》《中华人民共和国野生动物保护法》《中华人民共和国渔业法》等法律中的资源保护相关规范。

三是特定领域的环境保护法律，如《中华人民共和国海洋环境保护法》《中华人民共和国环境影响评价法》《中华人民共和国清洁生产促进法》《中华人民共和国循环经济促进法》《中华人民共和国海岛保护法》《中华人民共和国长江保护法》等。这些法律均包含防治环境污染和自然资源保护的规范，只是适用对象和范围与《中华人民共和国环境保护法》不同，如《中华人民共和国海洋环境保护法》只适用于海洋方面，《中华人民共和国环境影响评价法》只适用于区域和开发建设项目的环境保护，《中华人民共和国清洁生产促进法》重在防治生产过程中的环境污染和破坏等。

（4）**其他部门法中的环境保护条款**

《中华人民共和国民法典》将“节约资源、保护生态环境”作为基本原则，扩展了环境民事权益范围，如规定了小区绿地的居民共有，对噪声污染、垃圾排放等的救济措施。其中第七编“侵权责任”中的第七章专章规定了环境污染和生态破坏责任的内容，如规定了污染环境、破坏生态侵权责任、举证责任的划分，惩罚性赔偿，生态环境损害修复责任、生态环境损害损失及赔偿费用等。

《中华人民共和国环境保护法》第六十九条规定：“违反本法规定，构成犯罪的，依法追究刑事责任。”我国现行刑法对有关违反环境资源保护法律构成的犯罪主要包括破坏环境与资源保护罪中的污染环境的犯罪、破坏自然资源保护的犯罪以及与危害环境行为相关犯罪等三大类。《中华人民共和国刑法修正案（八）》《中华人民共和国刑法修正案（十一）》以及《最高人民法院 最高人民检察关于办理环境污染刑事案件适用法律若干问题的解释》对构成环境资源保护犯罪的行为作出了严格的、具体的规定。

另外，环境保护行政执法、司法救济过程中的有关行政行为和法律救济程序，适用《中华人民共和国行政许可法》《中华人民共和国行政处罚法》《中华人民共和国行政复议法》《中华人民共和国行政诉讼法》《中华人民共和国民事诉讼法》《中华人民共和国刑事诉讼法》等法律规定，因此，这些法律也是环境保护法体系的重要组成。

（5）**环境保护行政法规及地方性法规**

环境保护行政法规是指由国务院制定并公布或经国务院批准、有关部门联合发布的环境保护规范性文件，如《中华人民共和国自然保护区条例》《城市绿化条例》《风景名胜区管理条例》《基本农田保护条例》《中华人民共和国海洋倾废管理条例》《消耗臭氧层物质管理条例》《排污许可管理条例》等。

环境保护地方性法规是指由法律规定的地方人民代表大会及其常务委员会根据本行政区域的具体情况和实际需要制定和发布的有关保护环境的规范性文件的总称，如《湖南省环境保护条例》《山东省水污染防治条例》《北京市水污染防治条例》《湖南省湘江保护条例》《岳阳市东洞庭湖国家级自然保护区条例》等。

（6）**环境保护部门规章和地方政府规章**

环境保护部门规章是指国务院所属的生态环境主管部门或者国务院的其他依法行使环境监督管理权的部门，为执行环境保护法律或者国务院的环境保护行政法规、决定、命令的事项而制定的规范，如《建设项目环境影响评价分类管理名录（2021年版）》《碳排放权交易管理办法（试行）》《国家危险废物名录（2021年版）》《生态环境部建设项目环境影响报告书（表）审批程序规定》《环境影响评价公众参与办法》等。

环境保护地方性规章是由法律规定的地方人民政府按照法定程序制定的普遍适用于本地区的有关保护环境的规范性文件的总称，如《湖南省生态环境保护工作责任规定》《湖南省人民政府关于实施“三线一单”生态环境分区管控的意见》等。

(7) **环境保护标准中的环境保护规范**

环境标准是指为了保护人群健康、防治环境污染、促使生态良性循环，同时又合理利用资源，促进经济发展，依据环境保护法和有关政策，对环境中有害成分含量及其排放源规定的限量阈值和技术规范。环境标准是环境管理的技术基础，也是政策、法规的具体体现。截至 2019 年 8 月，生态环保领域国家层面有效的环境标准总数多达 2011 项。这些标准经过立法程序上升为法律化的技术规范，其中相当一部分具有强制执行力，是判断人们的相关活动是否合法的科学标准，也是执法、司法的技术依据。

经过四十余年的发展，我国目前已形成两级五类的环保标准体系，其中“两级”分别为国家级标准和地方级标准，“五类”包括环境质量标准、污染物排放（控制）标准、环境监测类标准、环境管理规范类标准和环境基础类标准。《中华人民共和国环境保护法》第十六条第二款规定：“省、自治区、直辖市人民政府对国家污染物排放标准中未作规定的项目，可以制定地方污染物排放标准；对国家污染物排放标准中已作规定的项目，可以制定严于国家污染物排放标准的地方污染物排放标准。地方污染物排放标准应当报国务院环境保护行政主管部门备案。”

(8) **我国参加和批准的国际法中的环境保护规范**

我国参加和批准的国际法中的环境保护规范有《保护臭氧层维也纳公约》《控制危险废物越境转移及其处置的巴塞尔公约》《气候变化框架公约》《生物多样性公约》《南极环境保护议定书》《生物安全卡特赫拉议定书》《关于危险化学品和农药国际贸易事先知情同意程序（PIC）的鹿特丹公约》等。

长江经济带生态环境司法保护典型案例

被告单位安徽亚兰德新能源材料股份有限公司、被告人吕守国等 7 人污染环境案，为最高人民法院 2020 年 1 月 9 日发布的 10 个长江经济带生态环境司法保护典型案例之一。

污染环境与牢狱之灾

【基本案情】

被告单位安徽亚兰德新能源材料股份有限公司（以下简称亚兰德公司）系重点排污单位，被告人吕守国任公司法定代表人、董事长兼总经理，被告人丁厚平等任公司副总经理。2007 年，吕守国、丁厚平商议在公司埋设暗管，将生产污水直接排放到长江，并由丁厚平具体负责。2008 年初，丁厚平安排公司人员埋设暗管，将产生的污水绕过污水处理总站通过暗管直接排放到长江。遇有环保监管部门检查，丁厚平等提前通知被告人晋华杰等通过操控暗管阀门、冲洗车间，帮助公司逃避环保检查。被告人王银芝、戚甫长作为公司环保专员，明知公司污水处理总站长期不工作，虚假制作总镍在线等数据，欺骗环保监管部门。亚兰德公司通过暗管排放污水中含有镍、钴等重金属污染物，属于有毒物质。2007 年 12 月底至 2017 年 5 月期间，该公司废水违规外排量共计 48.24 万吨，超标排放废水量为 37.63 万吨，造成的生态环境损害数额量化结果为 753 万元。

【裁判结果】

安徽省芜湖市鸠江区人民法院一审认为，被告单位亚兰德公司通过暗管排放有毒物质，其行为已构成污染环境罪；被告人吕守国等人作为公司直接负责的主管人员和其他直接责任人员，亦应以污染环境罪追究刑事责任。鉴于亚兰德公司已支付生态环境修复及相关费用 782.5 万元，综合被告单位和各被告人的犯罪事实、性质、情节和对社会危害程度，一审法院判决被告单位亚兰德公司犯污染环境罪，判处罚金 400 万元；被告人吕守国犯污染环境罪，判处有期徒刑二年六个月，并处罚金 10 万元；被告人丁厚平等 6 人犯污染环境罪，判处有期徒刑二年三个月至九个月不等，并处罚金 8 万元至 2 万元不等。安徽省芜湖市中级人民法院二审裁定驳回上诉，维持原判。

【典型意义】

本案系通过暗管直接向长江违法排放有毒物质污染环境案件。亚兰德公司作为重点排污单位，为实现单位的犯罪意图，各被告人相互串通，将含镍、钴等重金属的废水偷排至长江，且提供虚假数据应付环保检查，属于严重污染环境行为。本案中，人民法院在依法认定亚兰德公司构成单位犯罪并处罚金的同时，对单位犯罪起决定、策划、指挥等作用的公司法定代表人、副总经理等主要负责人、高级管理人员，对安排工人偷排污水、应付检查的车间主任等分管负责人员，对制造虚假监测数据的环保专员等责任人员，依法分别追究刑事责任。本案判决明确实施污染环境犯罪行为的排污企业在支付生态环境修复及相关费用后仍须承担相应刑事责任，单位犯罪中直接负责的主管人员亦须依法承担刑事责任，充分彰显从严惩治环境污染犯罪的决心，有力威慑违法排污单位并对相关从业人员具有教育警示作用。

参考资料：

[1] 中华人民共和国最高人民法院. 长江经济带生态环境司法保护典型案例［EB/OL］. 中华人民共和国最高人民法院网，（2020－01－09）［2020－12－20］. http：//www. court. gov. cn/zixun－xiangqing－215451. html.

"长了牙齿" 的法律

一、猛虎出笼——新环保法出台

自 2015 年开始施行的《中华人民共和国环境保护法》，被誉

2014 年 4 月 24 日下午，第十二届全国人民代表大会常务委员会第八次会议表决通过《中华人民共和国环境保护法修订草案》，自 2015 年 1 月 1 日起施行

为“史上最严”环保法，除了进一步明确了政府环境保护监督管理职责外，还加大了强化企业污染防治责任、加大环境违法处罚力度、为公众参与环境保护提供更加便捷的法治渠道等方面的立法力度，对新形势下环境保护工作的开展，具有重要意义。

因此，新环保法也被称为一部“长了牙齿”的法律，是一部能对民怨极大的污染现象打出硬拳头的法律，其厉害之处在于其规定了执法新手段——扣押、查封、按日连续处罚、行政拘留。

新环保法执行不是棉花棒，是杀手锏

- 按日计罚
- 停产限产
- 查封扣押
- 行政拘留
- 刑事打击

对违法排污的设施设备，可以查封、扣押。（第二十五条）

企业事业单位和其他生产经营者违法排放污染物，受到罚款处罚，被责令改正，拒不改正的，依法作出处罚决定的行政机关可以自责令改正之日的次日起，按照原处罚数额按日连续处罚。（第五十九条）

对四种违法行为的直接负责的主管人员和其他直接责任人员，可以移送公安机关拘留。（第六十三条）

案例三

新环保法的新手段

陕西“天价罚单”案例

2015年6月，陕西煤化能源有限公司因废气超标排放拒不执行整治，自1月8日至3月27日，被咸阳市环保局按日计罚79天，以20万元为基数的罚款涨到1580万元，创造了当年全国按日计罚个案最高罚款纪录。

新环保法出台

二、不能让“老虎掉了牙齿”

法律的生命力在于执行，绝不能让法律成为“没有牙齿的老虎”。党的十八大以来，我国依法依规保护生态环境，出实招、办实事、得实效，全党全社会保护生态环境的意识显著增强，全国生态环境质量显著提升，可持续发展后劲十足。

1. 加强督察，紧咬环保“老大难”问题

党的十八大以来，以习近平同志为核心的党中央把生态文明建设摆在全局工作的突出位置，推进生态文明体制改革。2015 年，习近平总书记亲自谋划部署推动建立中央生态环境保护督察制度，要求将其作为生态文明建设的重要抓手，强化生态环境保护党政同责和一岗双责的要求。

第一轮督察从 2015 年底启动到 2018 年，用三年时间完成了对全国 31 个省（自治区、直辖市）和新疆生产建设兵团的全覆盖，以及对 20 个省份整改情况的“回头看”。2019 年 7 月第二轮中央生态环保督察再出发，这一轮增加了对国家能源局、国家林业和草原局两个部门以及六家央企的督察，督察的重点也由解决突出环境问题向聚焦区域重大战略、推动高质量发展拓展。

截止目前，中央生态环保督察已经完成两轮全覆盖，共受理转办群众举报 28.7 万件，已办结或阶段办结 28.5 万件，解决了一大批长期想解决而未能解决的问题，办成了许多过去想办而没有办成的大事。2022 年党的二十大报告中强调：“深入推进中央生态环境保护督察”。

2. 深化改革，强化生态环境综合执法

为深化生态环境保护综合行政执法改革，整合组建生态环境保护综合执法队伍，2018 年 12 月 4 日，中共中央办公厅、国务院办公厅印发《关于深化生态环境保护综合行政执法改革的指导意见》。

深化生态环境保护综合行政执法改革总体目标就是为了有效整合生态环境保护领域执法职责和队伍，科学合规设置执法机构，强化生态环境保护综合执法体系和能力建设。建立职责明确、边界清晰、行为规范、保障有力、运转高效、充满活力的生态环境保护综合行政执法体制，基本形成与生态环境保护事业相适应的行政执法职能体系。

生态环境部于 2021 年 12 月 14 日印发了《“十四五”生态环境保护综合行

政执法队伍建设规划》，其中规划目标为："到 2025 年，生态环境保护综合行政执法队伍建设取得重大进展，基本实现与新时期生态环境执法工作任务相匹配，生态环境执法效能大幅提升，以排污许可证为核心的固定污染源执法监管体系全面建立，建成机构规范化、装备现代化、队伍专业化、管理制度化的生态环境保护综合行政执法队伍"。

3. 严惩违法，力促守法意识提升

首先，公安机关强化对破坏生态环境违法犯罪行为的查处侦办，检察机关加大对破坏生态环境案件起诉力度，如生态环境公益诉讼制度、政府提起生态环境损害赔偿诉讼。

其次，在高级人民法院和具备条件的中基层人民法院调整设立专门的环境审判机构，统一涉生态环境案件的受案范围、审理程序，改进审理模式和管辖制度。

再次，在诉讼结果执行方面，探索建立"恢复性司法实践＋社会化综合治理"审判结果执行机制。

最后，建立生态环境保护综合行政执法机关、公安机关、检察机关、审判机关信息共享、案情通报、案件移送制度。

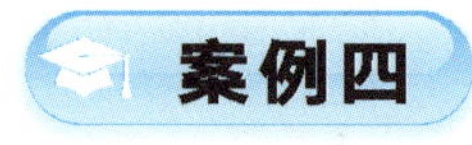

2019 年度人民法院环境资源典型案例

2020 年 5 月 8 日，中华人民共和国最高人民法院召开新闻发布会，发布《中国环境资源审判（2019）》（简称白皮书）、《中国环境司法发展报告（2019）》（简称绿皮书）及 2019 年度人民法院环境资源典型案例。为全面展示

2019 年人民法院环境资源审判工作情况，这也是最高人民法院首次发布环境资源审判年度典型案例。江苏省南京市鼓楼区人民检察院诉南京胜科水务有限公司、郑巧庚等 12 人污染环境刑事附带民事公益诉讼案位列其中。12 人分别被判刑 1 年至 6 年，公司被罚款以及被判赔的环境修复费用，总共高达5.2亿元。

"案件的审判只有体现从严从重的原则，方能达到惩罚和震慑的目的。"正如这一案件的主审法官所期待的，严格执法有力震慑了违法者，促进了企业守法意识提升。生态环境部的统计数据显示，在执法日趋严格的背景下，近 3 年来，全国环境行政处罚案件呈明显下降趋势：2020 年 1～4 月，全国共下达处罚决定书 2.8 万份，而 2019 年上半年，这个数字是 6.4 万份，2018 年同期是 7.2 万份。

参考资料：

[1] 中华人民共和国最高人民法院. 以最严格制度最严密法治保护生态环境——最高法发布环境资源审判白皮书、环境司法发展报告及年度环境资源典型案例［EB/OL］. 中华人民共和国最高人民法院网，（2020－05－08）［2020－12－20］. http：//www. court. gov. cn/zixun－xiangqing－228391. html.

[2] 中华人民共和国最高人民法院. 2019 年度人民法院环境资源典型案例［EB/OL］.［20201220］. 中华人民共和国最高人民法院网，（2020－05－08）［2020－12－20］. https：//www. court. gov. cn/zixun－xiangqing－228361. html.

湖南做法

打通生态环境保护“最后一公里”
湖南生态环境领域垂管制度改革见成效

湖南大力推进生态环境领域垂直管理制度改革，打通生态环境保护“最后一公里”。其中，省级监测机构改革、县市区综合行政执法改革“局队合一”模式获得生态环境部肯定。

生态环境机构管理体制调整到位。目前，湖南省生态环境厅上收14个市州生态环境局领导班子任免权限，全省140个县市区（产业园区、管理区）生态环境分局作为市州生态环境局的派出机构，于2019年底完成机构挂牌等工作，并在乡镇（街道）设置了自然资源和生态环境办公室、综合行政执法大队，打通生态环境保护“最后一公里”。

生态环境监测、监察、执法体制日益完善。监测方面，实现了生态环境质量省级监测、考核，部分市州创新监测机构设置，统筹本市州环境监测工作。永州市整合设置生态环境监测北部中心站和南部中心站两个跨区域的生态环境监测机构。监察方面，构建民生生态环境保护督察体系，探索建立了“1+X”（1个规定、X个配套制度）生态环境保护督察长效机制。执法方面，湖南省生态环境厅在保留环境监察局的基础上，内设生态环境执法局；执法力量下沉市州，各市州整合污染防治和生态保护执法队伍，组建生态环境保护综合执法队伍，执法力量进一步加强。

参考资料：

[1] 奉永成. 我省生态环境垂直管理制度改革见成效［N］. 湖南日报，2020－08－27（02）.

湖南七个环境资源专门法庭跨区域集中管辖环资案件

2019 年 12 月 5 日，湖南高院召开新闻发布会，发布《关于湖南省湘江、洞庭湖等七个环境资源专门法庭所在法院跨区域集中管辖部分环境资源一审案件的规定（试行）》（以下简称“《管辖规定》”），湘、资、沅、澧、洞庭湖等七个环资专门法庭将跨区域集中管辖环资案件。

2019 年 12 月 5 日，湖南高院召开新闻发布会

此次跨行政区划集中管辖制度实施以后，基本形成了长沙、岳阳等多个中院环境资源庭和湘江、洞庭湖等 7 个环境资源专门法庭跨区域管辖我省重要河流、湖泊、重要生态功能区典型环境资源案件，其他地区法院环境资源审判庭或合议庭，属地管辖一般环境资源案件的环境资源专门化审判体系新格局。

不服上述七个环境资源专门法庭所在法院审结的一审案件，分别上诉于相对应的中级人民法院。

长沙市开福区人民法院
（湘江环境资源法庭所在）

集中管辖长沙、湘潭、株洲、衡阳、永州地区涉湘江流域水污染及涉生物多样性保护一审环境资源民事案件；

上述地区涉湘江流域检察机关移送起诉的一审环境资源刑事案件；

涉湘江流域有较大影响的不服环境保护行政管理的一审行政案件；

这样的审判架构，可以推进解决环境资源审判“主客场问题”，有效破解地方保护主义，保障法律的统一实施，进一步提高环境资源审判的公信力。相关法院依据《管辖规定》可以直接审理部分环境资源案件，不再需要层层报批，改变“一案一指”方式，从而形成更为合理高效的环境资源案件跨行政区划集中管辖长效机制。

参考资料：

[1] 陶琛. 湖南试行环资案件一审跨区域集中管辖 [N]. 人民法院报，2019－12－12 (03).

拓展阅读

法治是治国理政的基本方式，法治是解决所有难题、大事的成本最低、效率最高的一种方式。近年来，长江沿线污染排放总量巨大，生态破坏非常严重，环境风险居高不下。据统计，长江流域单位面积污染物排放量是全国平均水平的2倍左右，生物完整性指数已经到了最差的无鱼等级。目前，尽管环保法律规范在不断健全完善，但仍然赶不上长江流域环境生态保护的需要。为了扭转环保领域的“守法成本高、违法成本低”现象，必须实行最严格制度、最严密法治。

最严格的制度，包括“十严”。“严防”，即用最严格的制度来预防环境污染和生态破坏行为的发生；“严保”，即对生态环境采取最严格的保护措施；“严标”，即对长江流域生态环境保护要实行最严格的生态环境保护标准；“严禁”，即针对破坏生态、污染环境的情况设置严格的禁令；“严谕”，即以严肃的态度和方式告示民众、教示民众、宣传民众，让全社会知道保护生态环境的重要性和相关的法律规定；“严管”，即对生态环境全领域、全过程，特别是在重点环节、重点区域实行严格监管；“严治”，即对破坏环境或者有害、妨碍生态环境的行为进行专项整治、从严治理；“严查”，即对违反环境保护相关法律法规的行为主动履职，依法从严查处；“严究”，即对违反环境保护相关法律法规的行为严格落实企业主体责任和政府监管责任，实行生态环境损害责任终身追究制；“严惩”，即对环境污染、破坏生态的行为从严惩处，让违法行为人依法承担相应的法律责任。

最严密的法治主要是体现在“五个建立”，即建立严格的生态环境保护和污染防治法律规范体系，建立法律规范的行为模式和法律后果相互对应的严密法律规范体系，建立涵盖山水林田湖草各环节要素的法律规范体系，建立源头治理、系统治理、综合治理、依法治理的法律规范体系，以及建立立法、守法、执法、司法环环相扣的法律规范体系。

参考资料：

[1] 刘子阳. 坚持最严格制度最严密法治保护生态环境 [N]. 法制日报，2020－01－10 (4).

绿色行动

看看自己家乡有没有设立环境资源专门法庭。想了解它是如何通过法律手段保护家乡环境的吗？那就准备好身份证件，有机会去旁听！

资源推荐

1. 中央电视台综合频道. 一抓到底正风纪——秦岭违建整治始末 [EB/OL]. (2019－01－09) [2020－12－20]. http://tv.cctv.com/2019/01/09/VIDEbH3z2iwisM7sx7S90lh1190109.shtml.

2. 丹尼·德维托，史蒂文·索德伯格. 永不妥协 [EB/OL]. 环球影业，(2000－03－17) [2020－12－20]. https://www.iqiyi.com/v_19rrk2u43c.html.

3. 曹晓凡. 生态环境保护综合执法疑难问题解析 [M]. 北京：中国民主法制出版社，2019.

第五章

铁军卫士护绿忙

——靠谁来护卫生态文明建设

第一节 打造生态环保铁军

着新装 迈阔步 启新程

习近平总书记强调，污染防治攻坚战是一场大仗、硬仗、苦仗，要建设一支生态环境保护铁军，政治强、本领高、作风硬、敢担当，特别能吃苦、特别能战斗、特别能奉献。我们要深入学习领会习近平生态文明思想，贯彻落实党的二十大精神，坚决扛起推进生态文明建设和环境保护的政治责任，在打硬仗中建设铁军，在严峻考验中锤炼铁军，努力为人民群众提供更多优美的生态环境，实现人与自然和谐共生的现代化。

一、精神凝练：生态环保铁军之魂

生态文明建设是关系中华民族永续发展的根本大计。要打好污染防治攻坚战和生态保护持久战，就要建设一支高素质的生态环保铁军。当前，我国生态文明建设处于关键期、攻坚期和窗口期，打好污染防治攻坚战时间紧、任务重、难度大，是一场大仗、硬仗、苦仗，必需有一支意志坚强、本领过硬的生态环保铁军，才能取得全面胜利。党的二十大报告指出，我国生态文明制度体系更加健全，生态环境保护发生历史性、转折性、全局性变化，我们的祖国天更蓝、山更绿、水更清。这正是得益于有一支想干事、能干事、干成事的环保队伍。他们忠于职守，不分昼夜，常年奋战在一线，攻坚克难，负重前行，创造了不平凡的业绩。因此，2018 年 5 月 18 日，习近平总书记在全国生态环境保护大会上提出："要建设一支生态环境保护铁军，政治强、本领高、作风硬、敢担当，特别能吃苦、特别能战斗、特别能奉献。"这是习近平总书记和党中央对生态环境系统的谆谆嘱托和殷殷期望。

在 2020 年全国生态环境保护工作会议上，时任生态环境部部长李干杰在部署新一年重点工作任务时强调，加快打造生态环境保护铁军。为落实会议精神，时隔一天，生态环境部召开了生态环境保护铁军建设推进视频会议，并专门出台了《关于加强生态环境保护铁军建设的意见》，对打造生态环保铁军作出了具体的安排和部署。

生态环保铁军是打赢污染防治攻坚战的主力军。铁军，顽强善战，无坚不摧。正是得益于这支队伍的拼搏努力，污染防治攻坚战取得关键进展，生态环境质量总体改善，成绩斐然，但前路仍不平坦。2022 年是全面实施"十四五"规划的重要之年，是深入打好污染防治攻坚战的关键之年。攻坚工作推进越深入，出现的问题越复杂，遇到的困难阻力越大。我们要不负重托不辱使命努力建设一支经得起考验的生态环境保护铁军，冲锋在前，担当作为。

我们要建设一支什么样的生态环保铁军呢？习近平同志指出："要清醒认识保护生态环境、治理环境污染的紧迫性和艰巨性，清醒认识加强生态文明建设的重要性和必要性，以对人民群众、对子孙后代高度负责的态度和责任，真正下决心把环境污染治理好、把生态环境建设好，努力走向社会主义生态文明新时代，为人民创造良好生产生活环境。"

1. 生态环保铁军要政治强

听党指挥、报国为民的铁的政治信念是铁军精神的核心要义。铁军作为一个光荣的称号，因为它是党领导下的为国为民的正义之师。生态环境是关系党使命宗旨的重大政治问题，也是关系民生的重大社会问题，必须从人心向背、党的执政基础的高度来考量。

习近平同志指出："打好污染防治攻坚战时间紧、任务重、难度大，是一场大仗、硬仗、苦仗，必须加强党的领导。”党的十八大以来，在以习近平同志为核心的党中央的坚强领导下，我国生态环境保护发生了历史性、转折性、全局性变化。当前，生态文明建设正处于压力叠加、负重前行的关键期，已进入提供更多优质生态产品以满足人民日益增长的优美生态环境需要的攻坚期，也到了有条件有能力解决生态环境突出问题的窗口期，党中央科学判断形势，明确了推进生态文明建设、解决生态环境问题的路线图和时间表，为打好污染防治攻坚战、推动生态文明建设迈上新台阶作出了全面部署。习近平同志指出：“各地区各部门要增强‘四个意识’，坚决维护党中央权威和集中统一领导，坚决担负起生态文明建设的政治责任。”

2. 生态环保铁军要本领高

能力高超、业务精深的铁的本领是铁军精神的重要基础。当前，生态环境保护形势依然严峻，要啃很多“硬骨头”，没有高超的能力是难以胜任的。生态环境保护涉及面广、问题多、专业性强，监测、督察、执法、环评、智慧环保等都需要大量的专业人才。生态环保队伍必须不断增强学习本领、政治领导本领、改革创新本领、科学发展本领、依法执政本领、群众工作本领、狠抓落实本领、驾驭风险本领等，不断提高专业化、职业化水平，积极主动地在落实任务中锻炼能力，在破解难题中提高水平，在重大行动中培养意志品质。要围绕建设高素质专业化人才队伍，大力发展储备年轻技术人才，注重在基层一线和困难艰苦的地方培养锻炼年轻技术骨干，选拔使用经过实践考验的技术过硬的优秀年轻干部。习近平同志指出：“要建立科学合理的考核评价体系，考核结果作为各级领导班子和领导干部奖惩和提拔使用的重要依据。”

3. 生态环保铁军要作风硬

踏石留印、抓铁有痕的铁的作风是铁军精神的重要保证。党的十八大以来，生态环保队伍动真碰硬、利剑治污，以最严格的制度、最严密的法治打响环境保卫战，打破了长期以来“经济发展一手较硬、生态环境保护一手较软”的局面。推动解决群众身边的突出环境问题；审计从以往“审钱”拓展到“审绿”；2021 年，全国共下达环境行政处罚决定书 13. 28 万份，罚没款数额总计 116. 87 亿元，案件平均罚款金额 8. 8 万元。

2021年3月13日，《中华人民共和国国民经济和社会发展第十四个五年规划和2035年远景目标纲要》对外公布，从中明确了2035年远景目标之一就是要广泛形成绿色生产生活方式，碳排放达峰后稳中有降，生态环境根本好转，美丽中国建设目标基本实现。因此，污染防治这场攻坚战，时间紧、任务重、难度大，环保铁军要特别能吃苦、特别能战斗、特别能奉献，为人民群众守护绿水青山、留住蓝天白云。习近平同志指出："各级党委和政府要关心、支持生态环境保护队伍建设，主动为敢干事、能干事的干部撑腰打气。"

4. 生态环保铁军要敢担当

攻坚克难、敢于负责的铁的担当是铁军精神的主要体现。铁军称号之所以光荣，因为它是为人民群众谋幸福的队伍。环保铁军要积极回应群众所急、所想、所盼，提供更多优质生态产品，不断满足人民群众日益增长的优美生态环境需要。生态环境保护推进越深入，复杂程度、困难程度越大，越要敢涉险滩，拿出"明知山有虎，偏向虎山行"的勇气，不断把生态文明建设推向前进。要坚持优者上、庸者下、劣者汰，大力选拔敢于负责、勇于担当、善于作为、实绩突出的环保铁军，鲜明树立重实干重实绩的用人导向。习近平同志指出："地方各级党委和政府主要领导是本行政区域生态环境保护第一责任人，各相关部门要履行好生态环境保护职责，使各部门守土有责、守土尽责，分工协作、共同发力。"

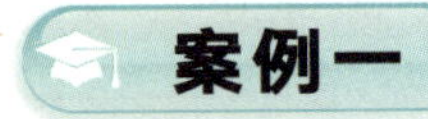

敢为人先：湖南生态环保"铁军"建设获生态环境部肯定和表扬

2020年1月15日，生态环境部召开全国生态环保"铁军"建设推进会，对包括湖南省在内的5个省份工作特色和成效给予充分肯定和表扬。

一年多来，湖南省生态环保系统发扬敢为人先的湖湘精神，厅党组在全国各省市区中第一个出台关于加强环保"铁军"建设的意见，从意识形态入手，抓政治纪律、政治规矩，抓干事创业、担当作为，抓人才队伍、能力提升，涌现出一批先进典型人物，推动多项工作走在全国前列。

敢为天下先：打硬仗关键是带好队伍

毛泽东同志曾指出："人是要有一点精神的。"面对湖南省污染防治攻坚战的重重压力和种种困难，必须统一思想、提高认识、抖擞精神、坚定信心，敢于拼搏、敢于担当、敢于斗争。

湖南省生态环境厅党组会议研究部署加强"铁军"建设

2018 年 3 月，刚刚履新的湖南省生态环境厅党组书记、厅长邓立佳就多次提出要"打造一支生态环保铁军"，以队伍建设推动生态文明建设。4 月底，他在厅党组理论学习中心组学习时正式提出这一要求，并安排厅党建工作部门着手起草相关意见和方案。

2018 年 7 月，湖南省环境保护厅党组正式印发《关于进一步加强党的建设打造湖南生态环境保护铁军的意见》（以下简称"《意见》"），这是全国各省市区环保厅（局）中第一份"铁军"建设纲领性文件。

《意见》力求深入贯彻生态文明建设理念，制定了 5 个方面 30 条具体措施，从坚持和加强党的全面领导、提升队伍综合能力素质、牢固树立以人民为中心思想、牢记初心使命激发创新活力、建立健全激励机制压实责任这五个方面出发，着力打造一支政治强、本领高、作风硬、敢担当、特别能吃苦、特别能战斗、特别能奉献的湖南生态环境保护"铁军"。

参考资料：

[1] 李璐，胡立华，李果. 敢为人先：湖南生态环保“铁军”建设获生态环境部肯定表扬［EB/OL］.红网湖南频道，（2020－01－15）［2020－12－24］. https：//hn. rednet. cn/content/2020/01/15/6577114. html.

二、先进引领：生态环保铁军之梦

在打好污染防治攻坚战、建设生态文明的绿色征程中，生态环境系统各条战线涌现了一批一批先进典型：他们，牢记党的嘱托，勇于担当，甘于奉献；他们，立足环保岗位，敬业爱岗，履职尽责；他们，一腔赤诚，敢为人先，以建设生态文明为己任，不负韶华，持续奋斗……

为了表彰先进，以先进典型为榜样，用每一个环保人的情怀和行动，打造一支生态环境保护铁军，为坚决打好污染防治攻坚战、推进生态文明和建设美丽中国作出新的更大贡献。生态环境部从 2018 年开始，每年都召开打好污染防治攻坚战“两优一先”表彰大会，对生态环境部先进党组织、优秀共产党员、优秀党务工作者进行表彰。特别是 2020 年，面对突如其来的新型冠状病毒肺炎疫情，生态环境部把做好疫情防控相关环保工作作为一项重大政治任务、当前最重要的工作和头等大事，充分发挥各级党组织战斗堡垒作用和党员、干部先锋模范作用，坚决落实“两个 100％”（全国所有医疗机构及设施环境监管和服务 100％全覆盖，医疗废物、废水及时有效收集转运和处理处置 100％全落实），全力以赴做好疫情防控相关环保工作；建立实施“两个正面清单”，积极主动服务“六稳”“六保”；突出精准治污、科学治污、依法治污，积极推进打赢打好污染防治攻坚战；妥善应对突发环境事件，坚决守住生态环境安全底线，以工作成效诠释了忠诚、践行了“两个维护”。受表彰的单位和个人在打好污染防治攻坚战中，以实际行动守初心、担使命，生动诠释了新时代政治强、本领高、作风硬、敢担当，特别能吃苦、特别能战斗、特别能奉献的生态环境保护铁军形象，是我们身边可亲可敬可学的先进代表。

至 2022 年 6 月 5 日止，每年湖南以环境日为契机，共开展了四届“湖南最美基层生态环保铁军人物”的评选活动。这些先进典型都以家国情怀、民族情怀、为民情怀和事业情怀作为思想引领和行动支撑，坚定信念和抱负，保持自许和要求，铸就为美丽中国愿景不懈奋斗的强大精神力量。

第一，他们始终秉承中国共产党人的家国情怀。常怀爱民之心、常思兴国之道、常念复兴之志，是中国共产党人家国情怀的生动写照。生态环境系统要始终秉承共产党人的家国情怀，保持对党和国家的深情大爱，将国家利益置于最高位置。

第二，他们始终秉承中华儿女的民族情怀。中华儿女对民族命运的拳拳之心，对故土山河的兹兹之念，对国富民强的殷殷之望，凝聚成强大的民族向心力，推动中华民族5000多年文明薪火相传，绵延不息。生态环境系统要始终秉承中华儿女的民族情怀，将之融入血脉、深入骨髓，为实现中华民族伟大复兴中国梦而努力奋斗。

第三，他们始终秉承心中有民的为民情怀。保持为民情怀要常怀忧患之思，常念人民之托，视人民为亲人、为老师、为裁判，问需于民、问计于民、问效于民。生态环境系统要始终秉承心中有民的为民情怀，把良好生态环境作为最普惠的民生福祉，把解决突出生态环境问题作为民生的优先领域。

第四，他们始终秉承爱岗敬业的事业情怀。敬事而信，敬业乐群。把事业看得比生命还重的人，一定会收获更有价值的人生，必将作出非比寻常的贡献。生态环境系统要始终秉承爱岗敬业的事业情怀，把生态环境保护作为毕生事业追求，为重现绿水青山，还自然以宁静、和谐、美丽作出每个人的贡献。

学习先进，不忘初心、牢记使命，秉持家国情怀、民族情怀、为民情怀和事业情怀，积极投身打好打胜污染防治攻坚战、推进生态文明、建设美丽中国的伟大事业，在奋斗中成就梦想、精彩人生。

案例二

“环保督查一把尖刀”喻旗：31年督查经历 明察暗访上万家企业

习近平总书记多次强调，绝不能以牺牲生态环境为代价换取经济的一时发展，要推动形成绿色发展方式和生活方式。

今天的中国大地上，更多的环保人正在为天更蓝、水更清的梦想做着不懈的努力，下面我们就来认识一位被称为“环保部华南督察局一把尖刀”的环保斗士。

喻旗接受采访截图

这是2018年喻旗的第一次环保督查，经过仔细巡查他发现在山区的一条路边沟渠中，河床底部长有一层灰白色薄膜，他当场判断，在这条河流的上游，一定有一个排放高浓度氨氮废水的排污口。

环保部华南督察局喻旗：不同的氨氮的排放口都会有一个共同的东西，就会长灰白色的生物膜。所以只要看到这个，第一个联想就是水中氨氮浓度非常高。

喻旗接受采访截图

喻旗，拥有31年的环保督查经历，明察暗访上万家企业，被称为“环保部华南督察局的一把尖刀”。初步判断后，喻旗开始沿途寻找非法排污口。经过 3 千米的仔细摸排，最终一家氮肥厂进入了喻旗的视线。

当我们来到厂区内的一个矮桥时发现，在桥的上游，灰白色微生物突然消失，并且上下游的水温相差十几度，喻旗由此判断，非法排污口很有可能就隐藏在这个矮桥下。

为了证实自己的判断，喻旗跳到桥下，拨开隐藏的石块，一个三十多厘米大的偷排管终于找到了。这个偷排口长期隐藏在这里，逃避着当地环保部门的监管。

喻旗说：“我们查企业的违法行为，实际上就是跟违法者在斗智斗勇，你坚持到最后一定可以胜利。”喻旗在现场把这个违法线索移交给公安机关立案侦查。

喻旗说，环保、公安两部门间的衔接，经常要花很长时间协调，但每次他都会等公安机关勘察取证后，才放心离开。

喻旗接受采访截图

我们观察到喻旗在督查取水样的时候，常常会使用的一个类似钓鱼竿一样的自制采样工具。

对此，喻旗说道：你看我们要到河里采平均样的话，就得有个船，我们哪里有这个条件啊？自制了这个工具以后，减少了很多问题。你别小看这个杆，跟我坐飞机坐的可多了。感情可深了，跑了 22 个省，基本上我到哪，它就跟我到哪。

为了能采到管下管、沟下沟里面的水样，喻旗还摸索制作了一套负压采样小工具随身携带。31 年的督查工作，让喻旗养成了一些小习惯，比如坐长途车从来不睡觉，随时观察着沿途的路边、桥下，时刻寻找着环境污染的线索。我们在跟随拍摄过程中，喻旗在车上就偶然发现了一个正在准备开工生产的小炼炉企业。

喻旗说，他在每次督查前都会看天气预报，往往是哪里下雨就往哪里走。

喻旗接受采访截图

喻旗：有色冶炼行业，因为会产生很多重金属，只有在下雨的时候它才通过雨水把污染物从房顶从地面搜集起来再流到江河里面去。我查有色冶炼企业，我一定等到下雨的时候才能抓到线索。不管刮风还是下雨，天气多么炎热，同事们感觉他的背影总是湿漉漉的。

上万家的企业督查，喻旗说，这些年得罪人的事情干了不少，甚至还面临过一些违法企业的威胁。

喻旗：把一个转移危险废物的案件办下来以后，那个企业老板就到我的办公室说，我知道你儿子在哪读书。那一阵子提心吊胆的。

企业的不理解曾经困扰着很多像喻旗这样的环保人，其实对于他来说，最幸福的事情就是通过环保督查，来帮助企业转型升级。早在十年前，他在广西河池督查期间，就发现当地大批的铅锑冶炼企业，工艺落后，环境污染严重。

喻旗：那时候建议他们想办法改工艺，一直不改，一直跟他们做斗争。十年的执着，他监督的广西河池这些落后工艺的企业，终于在2017年借助中央环保督察的契机，成功转型升级。

喻旗：十九大报告里一个重要的章节就是讲新发展理念的问题，现在的河池，具有中国自主知识产权的，世界一流的铅锑冶炼工艺。空气环境质量整治前和整治后二氧化硫降了46%，这个数据非常可观，很有成就感。

30多年一如既往对工作的热情和执着，一路走来，喻旗觉得牺牲最多的是对家人的照顾，尤其是对80岁的老母亲，喻旗内心更是充满了愧疚。一个月前，母亲从千里之外赶到广州来看望儿子，但是又赶上喻旗出差，这一个月来，母子俩也没能见上几面。

还有5年就要退休了，喻旗觉得自己身上最大的任务就是"传帮带"，把30多年的环保经验和理念传承给年轻人。

同事们对喻旗印象最深的就是他的执着，他曾经4年咬住一个企业，最终查出了这家企业的违法行为。而对于曾经没有找到违法行为的企业，喻旗一直都记在心里。

喻旗：眼看着它有违法，你找不出来问题，那急人。晚上做梦在干吗，在找排放口。时时刻刻想着这个事，一直不会忘。到现在为止我脑子里面还有几个企业，我知道它有偷排口，当时的条件不允许，只要有机会我就回去查。

只要有机会，喻旗就不会放弃追寻真相，这就是"环保督查的一把尖刀"，让违法企业无处躲藏。让我们生活的这座山这片水真正实现青山绿水，这就是他最大的幸福。

喻旗：我们做环保的职责就是保护环境，这是我们的使命。所以只有通过我们的努力，把所有的污染给解决掉，还老百姓一个蓝天碧水，这个就是我们的幸福。

参考资料：

[1] 朝闻天下：幸福都是奋斗出来的系列报道.【新春走基层】"环保督查一把尖刀"喻旗：31年督查经历明察暗访上万家企业［EB/OL］. 央视网，（2018－02－07）［2020－12－24］. http：//m. news. cctv. com/2018/02/07/ARTI0p81D8ZIhHToUs6qfFjW180207. shtml.

三、锻造路径：生态环保铁军之路

党的二十大报告指出：大自然是人类赖以生存发展的基本条件。尊重自然、顺应自然、保护自然，是全面建设社会主义现代化国家的内在要求。因此，生态环境是关系党的使命和宗旨的重大政治问题，也是关系民生的重大社会问题，需要我们坚决担负起生态文明建设的政治责任。保护生态环境、治理环境污染任务紧迫而艰巨，推动形成绿色发展方式和生活方式更是发展观的一场深刻革命，生态环保铁军必须增强能力本领。当前，生态环境保护形势依然严峻，要啃很多“硬骨头”，没有顽强的作风、没有担当的精神是难以胜任的。打造生态环保铁军，必须增强政治能力、提高本领、强化作风、敢于担当。

建设一支召之能战、战之能胜的生态环保铁军，需要我们把加强生态环保队伍建设作为一项重要工作来抓，从事业全局出发，为生态环境部门选贤任能，创造条件聚人才、育英才。

1. 筛选一批有潜力的好苗子

打造生态环保铁军，需要源源不断的后备人才。我们要按照新时代“信念坚定、为民服务、勤政务实、敢于担当、清正廉洁”的好干部标准，筛选一批基础较好、积极进取、熟悉业务、潜力较大的好苗子。系统规划优秀环保人才的培养目标、成长路径和培养计划，有意识地把他们放到一些重要部门和艰苦岗位压担子、加压力，指定人品好、能力强、水平高、经验丰富的老同志进行“传、帮、带”，创造一切可能的条件让他们尽快成长成才。

2. 加强政治素质的培养锻炼

打造生态环保铁军，需要政治过硬的青年人才。对筛选出来的好苗子，应有计划地选送到党校进行系统的政治理论学习，让他们全面了解和掌握马列主义、毛泽东思想、邓小平理论、“三个代表”重要思想、科学发展观、习近平新时代中国特色社会主义思想，全面了解和掌握中国共产党的光辉历程，全面了解和掌握中国近代受尽西方列强欺凌的屈辱史，全面了解和掌握我国改革开放 40 多年来取得的巨大成就，提高理论素养，加强党性锻炼，成为政治上靠得住、作风上过得硬、人民群众信得过的生态环保铁军。

3. 加强环保业务的培训提高

打造生态环保铁军，需要精通业务的青年人才。生态环境保护是一项专业性很强的工作，应有计划地安排这些青年环保人才通过业务培训和以战代训等多种方式，有针对性地学习、了解与生态环境保护工作相关的法律法规、政策标准和治理技术，逐步熟悉辖区内的重点行业、重点企业的生产工艺、排污状况和环境风险，掌握正确的环境执法监管工作思路和科学方法，善于寻找问题线索，善于发现违法事实，善于梳理危害后果，善于固定违法证据，成为解决难题的行家里手。

4. 加强综合能力的全面提升

打造生态环保铁军，需要独当一面的青年人才。打好污染防治攻坚战，开展各级各类环境保护督察，对今天的青年环保人才提出了非常高的要求。我们不仅要面对企业单位的违法违规、偷排漏排，还要面对政府部门的失职渎职、弄虚作假；不仅要帮扶工业企业进行污染防治、化解环境风险，还要指导下级政府整改问题、推进工作；不仅要善于调解处理人民群众的信访纠纷，还要善于协调处理有关各方的微妙关系；不仅要实施统一监督管理，还要亲自上阵解决具体问题，成为合纵连横的多面手。

5. 加强各级组织的人文关怀

打造生态环保铁军，需要心无旁骛的青年人才。这些优秀的青年环保人才，都是单位的工作骨干、业务骨干，承担的工作任务非常重，“5＋2”、白加黑是常态；同时，他们也是家里的支柱，上有老下有小，家庭负担也很重，身心俱疲也是常态，甚至带病加班、垫钱出差、挨批问责也不少见。因此，各级组织与领导干部应定期与这青年骨干谈心谈话，听取他们的意见建议，主动了解、关心他们在工作和生活中遇到的各种问题和困难，及时帮助他们打开心结、化解矛盾、解决困难，始终心情愉悦、精神饱满地投入工作之中，成为铁军中的青年冲锋队。

全国生态环境保护大会吹响了用生态文明建设理念全面指引美丽中国建设的前进号角，作为生态文明建设主力军，生态环保铁军使命光荣、责任重大。我们要在落实任务中锻炼队伍，在破解难题中提高能力，在重大行动中培养意志品质，打一场漂亮的污染防治攻坚战，努力建设望得见山、看得见水、记得住乡愁的美丽中国。

第二节 培育生态环境卫士

打造生态环保铁军，新鲜后备力量的培育必不可少，而教育是培育这些力量逐渐成长为生态环境卫士的根本举措。党的十八大以来，为贯彻落实中央人才强国战略和全国人才工作会议精神，进一步加强生态环境保护人才队伍建设，为生态文明建设和打好污染防治攻坚战提供坚实组织人才保障，国家高度重视人才队伍建设，成立了人才工作领导小组，印发实施《生态环境保护人才发展中长期规划（2010—2020年）》，出台《环境保护部专业技术领军人才和青年拔尖人才选拔培养办法（试行）》《环境保护部引进高层次专业技术人才实施办法（试行）》《关于加强基层生态环境保护人才的意见》等政策文件，实施生态环境科研领军人才工程、生态环境监测人才工程、生态环境监察执法人才工程、急需紧缺专业人才培养工程、环保产业经营管理与高技能人才振兴计划、中西部地区和民族地区生态环保人才支持计划、生态环保人才知识更新工程、生态环保人才基础能力建设工程等八大人才工程计划，全国生态环境系统人才队伍建设取得长足进展。

长沙环境保护职业技术学院《环保人之歌》

截至2020年底，生态环保人才总量达到约24.3万人，比2010年增长35.8%。高学历、高级职称人才比例逐年提高，硕士以上学历人才约2.6万人，增长了120%；高级职称人才约1.8万人，增长了50%。40岁以下人员约10.4万人，占43.0%，人才队伍年龄结构更趋年轻化。据生态环境部科技与财务司、中国环境保护产业协会共同编制的《中国环保产业发展状况报告（2021）》，生态环保产业总体规模保持增长，环保人才尤其是高技术人才供不应求，这对于环保专业院校，特别是环保高职院校来说既是机遇也是挑战。为了使学校培养的人才适合环保产业发展需求，促进专业化与产业化协调发展，需要各高校进行供给侧结构性改革，不断创新、优化人才培养方案，加强实践育人模式，形成以学生为主体，政、行、企、校、家齐发力的课内课外、校内校外、线上线下、社会实践与创新创业相结合的实践活动，真正打通实践育人“最后一公里”，达到全员、全过程、全方位育人实效，培育新时代生态环境卫士，为打造生态环保铁军，为实现人与自然和谐共生的现代化提供人才保障。

一、根本路径：创新环保人才培养机制

创新高校人才培养机制，是《中共中央关于全面深化改革若干重大问题的决定》对高等教育改革发展提出的最直接、最明确的要求。目前各高校必须紧紧围绕党和国家事业发展的新要求，主动适应党的十八届三中全会提出的“加快发展社会主义市场经济、民主政治、先进文化、和谐社会、生态文明”的新要求，针对人才培养的薄弱环节选准突破口，进行系统性整体性协同性的人才培养机制改革，形成重点突破与整体推进高校人才培养模式创新的良好局面。

党的十八大以来，以习近平同志为核心的党中央将生态文明建设纳入中国特色社会主义“五位一体”总体布局和“四个全面”战略布局，生态环境保护事业得到长足发展。目前，生态环境治理、生态文明建设、环保产业发展都亟需大量的专业技术人才支撑。而环保类高职院校是环保专业技术人才培养的摇篮。根据2022年教育部发布的新版《职业教育专业简介》获悉，目前环境保护

类包括环境监测技术、环境工程技术、生态保护技术、生态环境大数据技术、环境管理与评价、生态环境修复技术、绿色低碳技术、资源综合利用技术、水净化与安全技术、核与辐射检测防护技术、智能环保装备技术等11个专业，近年来，随着生态环保理念的不断深入，环境保护专业技术人才已成为我国最紧缺的人才之一。高等职业环境类毕业生定位于环境保护中生产、建设、管理、服务一线需要的“高素质”“高技能”“应用型”专业技术人才和管理人才。环保专业涉及的学科众多，系统复杂，交叉性较大，在高校中开设环保专业，涵盖了工学、化学、物理学和管理学等各个方面，环保类人才需要掌握的专业知识结构复杂，培养的系统性较高，难度较大。比如，环境监测技术专业主要为构建“绿水青山”培养环境保护高素质技术技能型专门人才。毕业生必须能够系统掌握地表水、大气、室内空气、土壤等环境要素的监测技能，熟悉各类污染物防治工艺及技术，具备创新思维、严谨求实和开拓进取的素养，能够从事城市、乡镇及工矿企业的环境监督及保护工作等。因此，各环保类高职院校需要研究一套有效的环保类人才培养体制，把人才培养的着力点放在强化思想政治教育、深化教学改革、协同创新创业、完善质量保证上来，持续强化“深化教学改革、协同创新创业、培养环保铁军”人才培养特色，提高对高校环保类人才的培养质量，为社会输送更为优秀的环保类人才。

案例三

环保人才培养的摇篮　生态文明建设的先锋

长沙环境保护职业技术学院，创办于1979年，是我国第一所环保类国家公办全日制高等职业院校，湖南省示范性高职学院，是生态环境部与湖南省人民政府共建的高职院校，坐落于湖南省会长沙，被称为“中华环境卫士的摇篮”，是全国首批获得ISO 9001：2015质量管理体系认证的职业院校。近年来，先后荣获“全国环境教育示范学校”“全国五四红旗团委”“湖南省文明高校”“湖南省普通高校毕业生就业工作一把手工程优秀单位”等荣誉100多项。

学院占地面积550多亩，建筑面积19.1万余平方米，资产总值2.6亿元，环境保护仪器设备在湖南省科研院所和高等学校中最齐全、最先进。学院现有教职工571人，专、兼职教师400多人，其中教授27名，副教授、高级工程师等副高职称168人，“南京321科技型创新领军人才”2人，省级专业、学科带头人6人，省级青年骨干教师12人，省级优秀教学团队1个。同时还拥有一支由中国工程院院士、国家级（省级）科研院所研究员、大型企业应用人才组成的客座教授团队。

学院办学特色鲜明，开设环境监测与控制技术、环境工程技术、环境规划与管理、环境评价与咨询服务、污染修复与生态工程技术以及食品营养与检测、环境艺术设计、电子商务、酒店管理等29个专业，所开专业覆盖了环境保护行业主要职业岗位。面向全国招生，在校学生万余人。从1979年建校以来，学院毕业生人数达5万余人，如今湖南省各县市区的环保局的环保骨干大多是环保职院的毕业生，有全国各地环保行业领域环保干部人数5千余人，基层环保技术骨干、监测、执法人数1.5万余人。

1. 就业前景

学院坚持“实践融于教学，技术服务社会”的办学理念，大力培养环保人才。长株潭、珠三角、长三角区域几百家大中型环保企业与学院开展校企合作，每年提供岗位6000多个，学院每年近3000名毕业生供不应求。为优先获得人才支持，华时捷环保科技发展有限公司、永清环保集团、国家检测、湖南湘牛环保实业有限公司、深圳吉隆集团、比亚迪汽车、武汉天虹仪表有限责任公司等数十家上市公司、大型企业与学院建立了良好的合作办学关系；学院已立项教育部现代学徒制试点单位，与聚光科技（杭州）股份有限公司、力合科技（湖南）股份有限公司等多家企业合作办学，开办“聚光班”“力合班”，新生入学即成为公司员工。学院毕业生以“能吃苦、上手快、下得去、留得住”

环保职教集团

的良好信誉受到用人单位的欢迎，用人单位满意率在95%以上，就业率连续三年都在95%以上。2014年、2016年、2018年，学院被评为“湖南省普通高校毕业生就业工作一把手工程优秀单位”。

2. 人才培养

近三年来，有近1.1万名学生通过了43个工种的职业鉴定考试和8个项目的高新技术考试，职业技能取证率在90%以上。学生在省级以上各类职业技能大赛中屡获佳绩，获国家级一等奖15个、省级一等奖6个，在全国水环境监测技能大赛中，学院代表队连续三届获得团体一等奖。每年有200多名优秀学生经学院推荐，参加湖南省专升本考试，考入到吉首大学、湖南城市学院等高校继续深造，获得全日制本科学历，学士学位；每年有近800名学生通过自学考试，获得湖南师范大学、湖南农业大学、中南林业科技大学等高校自考本科文凭；学院还与美国托利多大学签订了联合培养人才的协议，符合条件的同学可以到美国托利多大学继续学习，毕业后拿到本科文凭。

3. 技术服务

近三年来，累计签订各类对外技术服务项目近500项，累计项目到款额3700多万元，其中环境影响评价、环境监理、清洁生产审核、环保竣工验收、环境规划、环境应急预案项目到款额累计达到2970万元，环境检测项目到款额累计730多万元。这既是教师对外技术服务和实践的舞台，也是学生了解企业、开展就业创业的平台。学院先后主持编制国家行业标准7项、地方标准5项。承担了联合国开发计划署、教育部等各类科研项目160余项，科研经费总计800余万元。

4. 行业培训

学院是“国家级专业技术人员继续教育基地”“湖南省环保干部培训中心”“湖南省教育科学环保人才培养研究基地”，每年开展全国各级各类培训50余期，培训环保干部和技术人员5000余人次，年产值1000余万元。

党的十九大报告指出：“建设生态文明是中华民族永续发展的千年大计。”“要加快生态文明体制改革，建设美丽中国。”站在新的历史起点上，长沙环境保护职业技术学院将一如既往，紧紧抓住培养高素质技能型的生态环保铁军这条主线，持续增强办学实力、核心竞争力和社会影响力，为把学院建设成为特色鲜明的国内一流高职学院而努力奋斗，为生态文明建设贡献力量。

参考资料：

[1] 长沙环境保护职业技术学院. 长沙环境保护职业技术学院简介［EB/OL］. 长沙环境保护职业技术学院官网，［2020－12－24］. https：//www. hbcollege. com. cn/column/intro/index. shtml.

二、实践路径：开展社会环保志愿服务活动

人与自然的生命共同体是构建人类命运共同体的坚实基础。习近平总书记指出，“人与自然是生命共同体，人类必须敬畏自然、尊重自然、顺应自然、保护自然”，提出了“人与自然和谐共生”与“山水林田湖草是生命共同体”等理念，要求“像保护眼睛一样保护生态环境，像对待生命一样对待生态环境”。习近平总书记的话掷地有声，这是一种时代的号召，要求我们人人树立绿色发展理念，践行绿色生产生活方式，争做新时代生态环境卫士。

争做新时代生态环境卫士，实践路径有许多，其中开展社会环保志愿服务活动是一项可以呼吁个人、社区、学校、企业、媒体和政府共同参与与践行绿色理念的社会实践活动。新时代，社会环保志愿服务活动正在如火如荼地开展，主要以倡导全民尤其青少年树立绿色的生活理念，自觉践行绿色生产生活方式为主，营造共建生态文明，实现美丽中国的新风尚。

案例四

民间河长助力河湖管护

提起河长，很多人会首先想到担任河长的各级党政领导干部。在湖南省，还有一批来自社会各界的民间河长，他们参与河湖巡查、环保宣传、环境治理，一些地方也称之为“百姓河长”“河长助手”。

2016年11月，中共中央办公厅、国务院办公厅印发《关于全面推行河长制的意见》，明确要求“拓展公众参与渠道，营造全社会共同关心和保护河湖的良好氛围”。2018年10月，为推动河长制从全面建立到全面见效，水利部出

湖南湘潭市民间河长张一彬（左一）在湘江沿岸的唐兴桥排污口指导市民做简易水质检测

台《关于推动河长制从“有名”到“有实”的实施意见》，提出健全公众参与机制，加强对民间河长的引导，发挥民间河长在宣传治河政策、收集反映民意、监督河长履职、搭建沟通桥梁等方面的积极作用。

近年来，湖南省在建立省、市、县、乡、村五级河长的基础上，吸纳公众参与，发挥民间河长在信息收集、观念引导、多元监督等方面的作用，助力河湖管护。迄今，全省已选聘民间河长 1.57 万人。

湖南省水利厅今年 1 月发布的数据显示，湖南水环境质量总体持续好转，2019 年全省地表水水质总体为优，Ⅲ类及以上地表水考核评价断面达到 96.8%，比 2017 年提高 3.2 个百分点。

1. 与河长制互补，织密河湖管护网络

湖南省永州市祁阳县，是湘江流经里程最长的县之一。

2019 年，祁阳县拆除非法占用河道养殖的 750 平方米网箱，增殖放流鱼苗 3600 千克，取缔非法砂石码头 24 处，复绿面积 500 多亩。这些工作背后，都有祁阳县居民李顺秀的身影。

近3年来，作为祁阳县民间河长，李顺秀多次与河长一起巡河。湖南省、市环保督察组到县里开展环保督察、调研，也多次邀请她一同参加。“民间河长的身份，给了我发挥作用的舞台。”李顺秀说。

2017年4月，永州市出台全面推行河长制的实施意见，随后在省内率先实行河长与民间河长“双河长制”管水模式，全市164条主要河流均配备“双河长”。谈及这项改革探索的必要性，永州市水利局局长廖荣良说起一件身边事：为劝说自家侄子退出网箱养鱼，市水利局一位干部反复做工作，断断续续几个月才做通。

“做亲属的工作都这么难，何况其他人。河湖管护，需要社会各界一起发力。”廖荣良说，流域的情况是动态变化的，河长巡河，前脚看没问题，后脚一走就可能出问题，“强化河湖管理保护，要走好群众路线，吸收公众参与。”

永州市首先把目光投向专业性的环保组织，希望通过环保志愿者的参与，织密河湖管护网络。2017年9月，永州市政府与湖南省环保志愿服务联合会共同启动民间河长招募项目。

“从环保组织成员到普通的热心群众，都踊跃报名。”湖南省环保志愿服务联合会常务副会长何建军介绍，一年时间，永州市共招募241名民间河长，累计巡护里程6800多千米，反映问题线索547条，开展了14场保护湘江科普展，搭建起市、县、乡、村四级民间河长管理体系。

民间河长带来什么？何建军体会颇深：环保监管更有效了，环保志愿者的工作更顺畅了。

2. 各尽所能、各展所长，促进管护合力

平均每年发现各类问题400多个——这是张一彬的工作成绩单。担任湘潭市民间河长办公室主任、民间河长3年来，张一彬用脚步丈量河流，既发现问题，也做好信息收集、环保调研。

2019年夏天，湘潭市住建局、水利局与湖南科技大学化学化工学院联合开展湘潭市城区黑臭水体调研。作为调研项目的主要参与者，张一彬和其他12名

民间河长带着一群大学生，走访调研城区24条已完成治理的水体，对所有入河的污染点位一一标注。

“调研要为政府决策、水体后续治理提供依据。每一条水体，我们都坚持从起点走到终点，实地踏勘采样，查看每一口排污窨井、每一处暗管暗渠，摸清摸准水质状况、污染来源等第一手资料。”张一彬说。

下足绣花功夫，张一彬和团队成员发现：个别水体虽已经过治理，但由于片区污水管道缺失、雨污管道错接漏接，仍存在生活污水、施工工地泥水直排入河等问题。“事后，我们绘制了一张水体污染点位地图，形成了湘潭市城区水体污染调查阶段性报告，为相关部门开展后续治理提供参考。”

参考资料：

[1] 孙超，沈雪梅. 民间河长助力河湖管护 [N]. 人民日报，2020－12－04 (13).

拓展阅读

生态环境部召开庆祝建党101周年暨深入打好污染防治攻坚战、喜迎党的二十大“两优一先”表彰大会

7月1日，生态环境部召开庆祝建党101周年暨深入打好污染防治攻坚战、喜迎党的二十大“两优一先”表彰大会，表彰2022年生态环境部优秀共产党员、优秀党务工作者和先进党组织。生态环境部党组书记孙金龙出席大会并为党员干部讲专题党课。他强调，要深入学习贯彻习近平总书记在中央和国家机关党的建设工作会议上的重要讲话精神，走好第一方阵，践行“两个维护”，以生态环境保护优异成绩迎接党的二十大胜利召开。生态环境部部长黄润秋出席会议。

孙金龙首先向受表彰的优秀个人和先进党组织表示祝贺。他表示，受表彰个人和集体的先进事迹，继承发扬了党的光荣传统和优良作风，生动彰显了新时代生态环保铁军的政治品格和先锋形象。部系统各级党组织和广大党员干部要以受表彰的先进集体和优秀个人为榜样，在推进生态文明建设、建设美丽中国的进程中不断建新功、立新业。

孙金龙指出，习近平总书记在中央和国家机关党的建设工作会议上强调，中央和国家机关是践行“两个维护”的第一方阵；带头做到“两个维护”，是加强中央和国家机关党的建设的首要任务；中央和国家机关要在深入学习贯彻党的思想理论上作表率，在始终同党中央保持高度一致上作表率，在坚决贯彻落实党中央各项决策部署上作表率，建设让党中央放心、让人民群众满意的模范机关。习近平总书记的重要讲话，为推动新时代部系统党的建设高质量发展提供了方向指引和根本遵循。2022 年下半年，我们党将召开第二十次全国代表大会，这是党和国家政治生活中的一件大事，保持平稳健康的经济环境、国泰民安的社会环境、风清气正的政治环境至关重要。生态环境部首先是政治机关，必须坚定走好第一方阵，坚决做到“两个维护”，以高度的政治责任感和使命感，全力以赴做好生态环境保护各项工作，以实际行动迎接党的二十大胜利召开。

孙金龙强调，要始终坚持党的领导，做“两个确立”的忠诚拥护者。党的领导是做好党和国家各项工作的根本保证，是战胜一切困难和风险的“定海神针”。坚持党对一切工作的领导，是党和国家的根本所在、命脉所在，是全国各族人民的利益所系、命运所系。习近平总书记是经过历史检验、实践考验、斗争历练的当之无愧的党的核心，是赢得全党全国人民衷心拥护爱戴的人民领袖，是实现中华民族伟大复兴的领路人。部系统各级党组织要深刻领会“两个确立”的决定性意义，坚持把做到“两个维护”作为最高政治原则和根本政治规矩，始终在政治立场、政治方向、政治原则、政治道路上同党中央保持高度一致。要把“两个维护”体现在坚决贯彻党中央决策部署的行动上，体现在履职尽责、做好本职工作的实效上，体现在日常言行上，确保党中央关于生态环境保护的各项决策部署落到实处。

孙金龙指出，要始终坚持强化理论武装，做习近平生态文明思想的坚定信仰者。习近平生态文明思想是习近平新时代中国特色社会主义思想的重要组成部分，是马克思主义关于人与自然关系思想的最新成果，是推动新时代生态文明建设事业不断向前发展的科学指南。在习近平生态文明思想指引下，我国生态文明建设和生态环境保护发生历史性、转折性、全局性变化，在创造世所罕见的经济快速发展和社会长期稳定奇迹的同时，创造了令世人瞩目的生态奇迹，成为全球生态文明建设的重要参与者、贡献者、引领者。部系统各级党组织和广大党员干部要深刻感悟习近平总书记对生态文明建设和生态环境保护一以贯之的高度重视，深刻感悟每到关键时刻习近平总书记都为生态环境保护工作掌舵领航、撑腰鼓劲，深刻感悟习近平生态文明思想是我们奋进新时代新征程的指路明灯，深刻感悟习近平生态文明思想蕴含的实践力量、真理力量和人格力量。要把深入贯彻落实习近平新时代中国特色社会主义思想特别是习近平生态文明思想作为终身必修课，切实用以武装头脑、指导实践、推动工作，在学懂弄通做实上下功夫，确保生态环境保护工作始终沿着习近平总书记指引的方向坚定前行。

孙金龙强调，要始终坚持服务大局，做保持经济社会平稳健康发展的积极贡献者。讲大局、顾大局是我们党的优良传统和制胜之道。当前，我国开启全面建设社会主义现代化国家、向第二个百年奋斗目标进军的新征程，机遇与挑战之大都前所未有。要增强大局观念，自觉在大局下思考、在大局下行动，在服务全局中提升政治判断力、政治领悟力、政治执行力。疫情要防住、经济要稳住、发展要安全，这是党中央的明确要求。要深刻、完整、全面认识党中央确定的疫情防控方针政策，抓实抓细疫情防控各项工作。坚持稳中求进的工作总基调，自觉把生态环保工作融入经济社会发展大局，积极主动服务“六稳”“六保”，为支撑经济平稳运行贡献力量。保持加强生态文明建设的战略定力，充分发挥生态环境保护的引领和倒逼作用，促进经济社会发展全面绿色转型。全面贯彻落实总体国家安全观，积极主动应对生态环境领域各类风险挑战，坚决守住生态环境安全底线。

孙金龙指出，要始终坚持人与自然和谐共生，做美丽中国建设的不懈奋斗者。党中央明确提出，到 2035 年，生态环境根本好转，美丽中国建设目标基本实现；到 21 世纪中叶，把我国建成富强民主文明和谐美丽的社会主义现代化强国。这是以习近平同志为核心的党中央立足中华民族永续发展，顺应人民对美好生活的向往作出的重大战略部署。进入新时代，我们以最坚定决心和最有力举措加强污染治理，以最严格制度和最严密法治保护生态环境，美丽中国建设迈出重大步伐。与此同时，我们也清醒认识到，生态环境修复和改善是一个需要付出长期艰苦努力的过程。当前，我国生态环境稳中向好的基础还不稳固，生态环境质量同人民群众对美好生活的向往相比还有较大差距。作为生态文明建设的主阵地和主力军，要坚决扛起美丽中国建设的历史责任，坚持统筹污染治理、生态保护和应对气候变化，协同推进降碳、减污、扩绿、增长，以更高标准打好蓝天、碧水、净土保卫战，持续改善生态环境质量，加快建设人与自然和谐共生的美丽中国。

孙金龙强调，要始终坚持勇于自我革命，做全面从严治党的模范践行者。勇于自我革命是我们党区别于其他政党的显著标志，是党百年奋斗培育的鲜明品格。党的十八大以来，党中央把全面从严治党纳入“四个全面”战略布局，坚定不移推进全面从严治党，党通过前所未有的反腐倡廉斗争，赢得了保持同人民群众的血肉联系、人民衷心拥护的历史主动，赢得了全党高度团结统一、走在时代前列、带领人民实现中华民族伟大复兴的历史主动。近年来，生态环境系统全面从严治党各项工作取得显著成效，为生态环境保护工作推进发挥了重要的政治引领和政治保障作用。要牢记习近平总书记“党风廉政建设永远在路上”的谆谆教诲，坚持全面从严治党战略方针，把严的主基调长期坚持下去，坚定不移将党风廉政建设和反腐败斗争进行到底，压紧压实各级党组织全面从严治党主体责任，健全完善一体推进不敢腐、不能腐、不想腐的制度机制，持续深入纠“四风”树新风，以政治清明促生态文明，加快打造生态环保铁军，为迎接党的二十大营造风清气正的政治环境。

生态环境部党组成员、副部长翟青主持会议，并宣读关于表彰2022年生态环境部优秀共产党员、优秀党务工作者和先进党组织的决定。6名受表彰代表作先进事迹报告。

中央纪委国家监委驻生态环境部纪检监察组组长、部党组成员库热西，生态环境部党组成员、副部长赵英民出席会议。

生态环境部总工程师张波、核安全总工程师田为勇出席会议。

会议采取视频方式召开。驻部纪检监察组负责同志，机关各部门、应急中心、机关服务中心党政主要负责同志和部分获表彰代表在主会场参加会议；机关各部门、各部属单位全体党员干部在分会场参加会议。

此前，孙金龙代表部党组和部领导班子看望慰问了周生贤、傅雯娟等老领导和老同志，并为他们颁发了“光荣在党50年”纪念章。孙金龙向各位老领导和老同志表示祝贺，为他们介绍了当前的生态环境保护工作情况，同时请老领导和老同志一如既往关心、支持生态环境保护事业发展，多提宝贵意见建议。

参考资料：

[1] 中华人民共和国生态环境部. 生态环境部召开庆祝建党101周年暨深入打好污染防治攻坚战、喜迎党的二十大“两优一先”表彰大会［EB/OL］. 中华人民共和国生态环境部网，（2022—07—01）［2022—09—15］. https：//www. mee. gov. cn/ywdt/hjywnews/202207/t20220701_987405. shtml.

湖南做法

牢固树立绿水青山就是金山银山理念 在实现“双碳”目标中作出湖南贡献

张庆伟在省碳达峰碳中和工作领导小组2022年全体会议上强调 牢固树立绿水青山就是金山银山理念 在实现“双碳”目标中作出湖南贡献 毛伟明出席

8月17日下午，省委书记、省人大常委会主任、省碳达峰碳中和工作领导小组组长张庆伟主持召开省碳达峰碳中和工作领导小组2022年全体会议。他强调，要深入学习贯彻习近平总书记关于碳达峰碳中和的重要论述精神，牢固树立绿水青山就是金山银山的理念，把“双碳”工作摆在更加突出位置，努力在实现“双碳”目标中彰显湖南担当、作出湖南贡献。省委副书记、省长、省碳达峰碳中和工作领导小组组长毛伟明出席。

省领导李殿勋、谢卫江、陈飞、李建中出席。

2022 年 8 月 17 日，湖南省碳达峰碳中和工作领导小组 2022 年全体会议。唐俊 摄

会议传达学习了国家碳达峰碳中和工作领导小组全体会议精神，听取了全省碳达峰碳中和工作以及下阶段重点工作等方面情况汇报，审议通过了有关文件。

会议指出，实现碳达峰碳中和，是以习近平同志为核心的党中央统筹国内国际两个大局作出的重大战略决策，事关中华民族永续发展和构建人类命运共同体。我们要全面贯彻落实习近平生态文明思想，深刻把握“双碳”工作的重大意义，深刻把握“全国统筹、节约优先、双轮驱动、内外畅通、防范风险”的“双碳”工作原则要求，深刻把握湖南省情实际，把思想和行动统一到党中央决策部署上来，处理好发展和减排、整体和局部、长远目标和短期目标、政府和市场的关系，找准“双碳”工作的主攻方向和发力点，在经济发展中促进绿色转型、在绿色转型中实现更大发展。

会议强调，要坚持稳中求进，扎实推进“双碳”工作。要推动产业绿色低碳发展，壮大电子信息、新能源汽车、现代石化等新兴产业，大力发展绿色低碳产业，促进传统产业转型升级，坚决遏制“两高”项目盲目发展。要推进能源绿色低碳转型，科学合理控制煤炭消费，加快发展新能源，推进氢能产业化，加大清洁能源引入力度，拓展外电入湘通道，构建新型电力系统，推动能源结构调整优化。要深化重点领域节能减排，推动园区绿色升级，构建绿色交通体系，实施城镇节能改造，整治提升农村人居环境，加快农业农村绿色发展。要加快绿色低碳科技革命，坚持有所为、有所不为，强化基础研究和前沿技术布局，狠抓绿色低碳技术攻关和成果应用，加大科技人才引进培育，充分发挥好科技创新在“双碳”工作中的支撑引领作用。要深入推进重点领域改革，建立健全碳排放统计核算体系，不断完善政策措施，提高森林覆盖率，提升林草碳汇能力，把生态优势转化为经济优势。

会议要求，要加强党对“双碳”工作的领导，推动形成齐抓共管的强大合力。要压实工作责任，省“双碳”工作领导小组及其办公室要加强“双碳”重大问题研究，省直各有关部门要切实履职尽责、加强分工协作，各市县要加快工作推进，确保“双碳”工作路线图、责任单、施工图落到实处。要优化实施路径，因地制宜确定目标任务和工作举措，统筹发展和安全。要强化督导考核，将“双碳”指标任务纳入高质量发展和经济社会发展综合评价体系。要凝聚各方合力，加强干部教育培训，加大“双碳”政策解读和舆论宣传，形成全民支持参与的良好氛围。

参考资料：

[1] 邓晶琎. 牢固树立绿水青山就是金山银山理念在实现“双碳”目标中作出湖南贡献[N]. 湖南日报，2022－8－18（01）.

绿色行动

1. 参观科普馆，结合实际谈谈体会与感受。

2. 考察圭塘河，设计海绵城市主题模型并用简单的语言进行描述。

3. 参加环保志愿服务活动，写一份社会实践总结。

资源推荐

1. 中共中央文献研究室. 习近平关于社会主义生态文明建设论述摘编 [M]. 北京：中央文献出版社，2017.

2. 马志强，江心英. 生态文明建设：镇江实践与特色 [M]. 北京：社会科学文献出版社，2017.

3. 中华人民共和国环境保护部办公厅. 关于推进生态环境保护人才发展中长期规划（2010—2020 年）实施的意见：环办〔2013〕38 号 [EB/OL]. (2013－04－16) [2020－12－20]. http://www.mee.gov.cn/gkml/hbb/bgt/201304/t20130422_251049.htm.

4. 张德宏. 我的城市我的垃圾 [EB/OL]. 中央电视台科教频道，(2014－06－23) [2020－12－20]. http://www.docuchina.cn/2014/12/04/VIDE1417661294068839.shtml.

后　记

党的十八大以来，以习近平同志为核心的党中央对生态文明建设给予前所未有的重视。湖南省坚决贯彻落实生态文明建设理念，顺应人民群众对优美生态环境的新期盼，把生态文明建设摆在更加突出的位置，采取了一系列重大措施，生态环境质量持续改善，生态强省建设取得积极进展，迈出生态优先、绿色发展的坚实步伐，生态环境保护取得历史性成就。

当前我国经济已经由高速增长阶段迈向高质量发展阶段，湖南省是长江经济带的重要省份，绿色发展是工业高质量发展的重要途径，推进工业绿色发展，要紧扣制造强省建设战略部署，积极深化、运用绿色发展理念，推动湖南工业绿色高质量发展。湖南省“十四五”规划和2035年远景目标的建议中明确提出坚持绿色发展，建设美丽湖南的目标，计划全面推动绿色低碳发展、持续改善环境质量、加强生态系统保护与修复、完善生态环境治理体系。

为了进一步加强生态文明建设，普及生态文明教育，倡导尊重自然、爱护自然的生态文明理念，强化全民生态文化自觉，培养和锻造生态环保铁军，本书编委会参考了大量生态环境保护方面的研究成果，编撰了这本教材。

本教材是长沙环境保护职业技术学院生态文明教育与宣传团队集体智慧的结晶。本书主编刘益贵，长沙环境保护职业技术学院院长，教授级高级工程师，一直从事环境保护研究、咨询、设计和环境管理工作，是湖南省十三届人大常委会立法工作咨询专家，负责全书的整体构思与编撰。副主编唐海珍，长沙环境保护职业技术学院党委委员、副院长，教授，负责全书的统筹与设计。副主编曹珍，长沙环境保护职业技术学院思想政治理论课教学部主任，副研究员，负责全书的统稿与审核。副主编李国强，长沙环境保护职业技术学院环境法律服务中心主任，副教授，律师，负责环境法律部分的审核与设计。此外，本书的具体参编人员如下：彭丽娟，分担了全书内容后期补充、修正和整理的部分工作；刘佳娉，负责第一章的编写；张莎，负责第二章、第三章的编写；魏巍，负责第四章的编写；蒋永其，负责第五章的编写。

在本教材的编写过程中，我们得到了领导、专家学者们与湖南省生态环境厅宣传教育与对外合作处、长沙市雨花国有资产经营集团有限公司、德国汉诺威水有限公司的热忱关心与鼎力支持，他们为我们建言献策，提出真知灼见，让我们受益匪浅。在此一并致以诚挚的谢意！衷心期待我们的这本教材能不负各位领导、专家学者和同仁的厚爱，能为生态文明建设贡献绵薄之力。

由于编者水平有限，疏漏之处敬请谅解并指正。

编者

2021年1月